Robin Wall Kimmerer

Die Großzügigkeit der Felsenbirne

aufbau

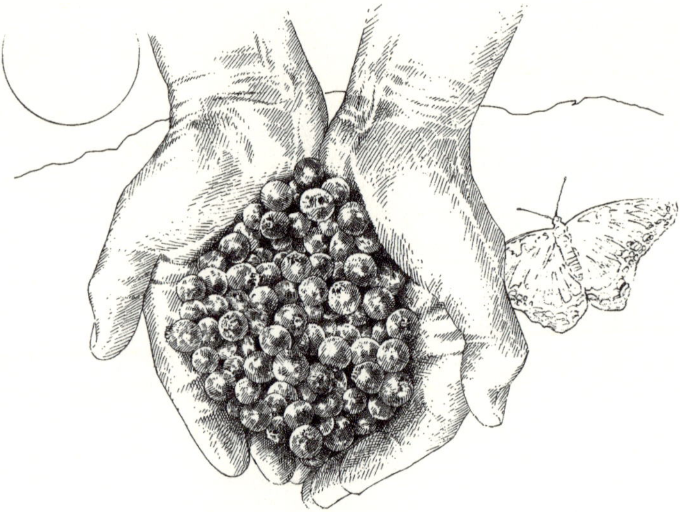

Robin Wall
Kimmerer

Die Großzügigkeit der Felsenbirne

Vom Glück des Schenkens

Aus dem Amerikanischen
von Elsbeth Ranke

Mit Illustrationen
von John Burgoyne

aufbau

Die Originalausgabe unter dem Titel
The Serviceberry. Abundance and Reciprocity in the Natural World
erschien 2024 bei Scribner, einem Imprint von Simon & Schuster, LLC, New York.

MIX
Papier | Fördert gute Waldnutzung
FSC® C083411

ISBN 978-3-351-04257-8

Aufbau ist eine Marke der Aufbau Verlage GmbH & Co. KG

3. Auflage 2025

www.aufbau-verlage.de
10969 Berlin, Prinzenstraße 85

Bei Fragen zur Sicherheit unserer Produkte wenden Sie sich bitte an produktsicherheit@aufbau-verlage.de.
Einbandgestaltung Rothfos & Gabler, Hamburg
Illustrationen im Innenteil © John Burgoyne
Satz LVD GmbH, Berlin
Druck und Binden CPI books GmbH, Leck, Germany

Printed in Germany

Für meine guten Nachbarn
Paulie und Ed Drexler

Alles Gedeihen

beruht auf

Gegenseitigkeit

DER KÜHLE ATEM des Abends streicht von den bewaldeten Hügeln herab und verdrängt die Hitze des Tages, und mit ihm kommen die Vögel, die über die Abkühlung genauso froh sind wie ich. Sie schwirren heran in einem Zwitscherkonzert, das klingt, als würden sie lachen, und ich antworte mit genauso vergnügtem Gelächter. Flatternd wirbeln sie um mich her, Zedernseidenschwänze, Katzendrosseln und ein blitzendes Schillern von Hüttensängern. Nie habe ich mich so mit meiner Namensschwester *Robin,* der Wanderdrossel, eins gefühlt wie in diesem Moment, als wir uns beide glucksend vor Glück die Schnäbel vollstopfen. Die Büsche sind übervoll mit Trauben von Früchten in Rot, Blau und Lila in jedem Reifestadium – so viele, dass man sie mit vollen Händen pflücken kann. Zum Glück habe ich einen Eimer dabei, er ist schon ziemlich schwer. Die Eimer der Vögel sind ihre Bäuche, mal sehen, ob sie mit so voller Ladung überhaupt noch fliegen können.

Dieser Überfluss an Früchten ist wie das reinste Geschenk der Erde. Ich habe nichts dafür geleistet, nicht dafür bezahlt und nicht gearbeitet. Keine Mathematik der Wertschöpfung kann berechnen, dass ich sie in irgendeiner Weise verdient habe. Und doch sind sie da – so wie die Sonne und die Luft, die Vögel und der Regen, der sich in turmhohen Haufenwolken ansammelt, da hinten braut sich bereits ein Gewitter zusammen. Man könnte von natürlichen Ressourcen sprechen oder von Ökosystemdienstleistungen, aber für die Wanderdrossel und mich sind es einfach Geschenke. Beide trällern wir mit vollen Mündern unser Danklied.

Mein Entzücken kommt zum Teil daher, dass ich diese Ernte nicht erwartet habe. Ich habe nicht geahnt, dass ich sie hier pflücken kann. Die heimischen Felsenbirnen, *Amelanchier arborea,* haben kleine, harte, meist recht trockene Früchte, und nur gelegentlich hat ein Baum süße Gaben zu bieten. Die heutige Beute in meinem Eimer ist eine Sorte aus dem Westen, *A. alnifolia,* auch bekannt als Saskatoon Berry; gepflanzt haben die Sträucher meine Nachbarn Paulie und Ed, die einen landwirtschaftlichen Betrieb haben; es ist das erste Jahr, dass sie Früchte tragen, und das mit einer Begeisterung, die meiner eigenen gleichkommt.

Saskatoon, Juneberry, Shadbush, Shadblow, Sugarplum, Sarvis, Serviceberry – das Englische kennt viele Namen für die Felsenbirne. Ethnobotaniker wissen: Je mehr Namen eine Pflanze hat, desto größer ist ihre kulturelle Bedeutung. Der Baum wird geschätzt wegen seiner Früchte, als Heilpflanze und wegen seines frühen Blütenflors, der beim ersten Anzeichen des Frühlings die Waldsäume weiß schäumen lässt. Die Felsenbirne gilt als Kalenderpflanze, so zuverlässig folgt sie saisonalen Wettermustern. Ihre Blüte ist ein Zeichen dafür, dass der Boden getaut ist. Gemäß traditionellem Wissen war dies die Zeit, in der die Bergstraßen für die Prediger, die zum Gottesdienst kamen, befahrbar wurden. Außerdem ist die Felsenbirnenblüte ein verlässlicher Indikator für die Fischer, dass die Maifische flussaufwärts schwimmen – zumindest als die Flüsse noch sauber und offen genug waren, um ihnen als Laichplatz zu dienen.

Kalenderpflanzen wie die Felsenbirne sind wichtige Marksteine, sie geben den Takt für den jahreszeitlichen Reigen traditionell lebender Völker an, die in einem jährlichen Kreislauf immer dorthin ziehen, wo sie Nahrung finden. Statt das Land ihren Bedürfnissen anzupassen, passen sie sich selbst an. Sich beim Essen nach den Jahreszeiten zu richten ist eine Möglichkeit, den Überfluss anzuerkennen, indem man ihm begegnet, wann und wo er kommt. In der Welt der Gemüsehallen und Supermärkte kann man kaufen, was man will und wann man will. Wir zwingen die Lebensmittel, zu uns zu kommen, und das unter erheblichem finanziellem und ökologischem Aufwand, statt einfach zu nehmen, was uns gegeben wird, jedes zu seiner Zeit. Diese Felsenbirnen wurden zu nichts gezwungen, und ihr CO_2-Fußabdruck ist gleich null. Vielleicht schmecken sie auch deshalb so wunderbar – es gibt sie nur dieses eine Mal im Jahr –, ein vergänglicher Bissen Sommer ohne jeden schalen Nachgeschmack.

Dass die Felsenbirne im Englischen den schönen Namen »Serviceberry« trägt, hat nichts mit dem Service zu tun, den sie uns leistet, sondern geht auf eine veraltete Zuschreibung zu einer Gattung der Rosengewächse zurück, *sorbus* nämlich, das sich zu *sarvis* und weiter zu *service* entwickelte. Obwohl der Name also nicht auf ihre Nützlichkeit zurückgeht, erweist uns die Pflanze doch unendlich viele gute Dienste, und nicht nur uns Menschen, sondern auch vielen anderen Weltbewohnern. Sie stärkt die Biodiversität. Felsenbirnen sind eine beliebte Nahrung für Hirsche und Elche, eine lebensnotwendige frühe Pollenquelle für frisch geschlüpfte Insekten und Wirtspflanze für alle möglichen Schmetterlingslarven, etwa Tigerschwalbenschwänze, Vizekönige, Admirale und Zipfelfalter, und für beerenfressende Vögel, die in ihrer Brutphase auf diese Kalorien angewiesen sind.

Auch Menschen setzen auf diese Kalorien, besonders in der traditionellen indigenen Ernährung. Felsenbirnen waren eine wichtige Zutat bei der Herstellung von Pemmikan. Die getrockneten Früchte wurden zusammen mit gedörrtem Hirsch- oder Bisonfleisch zu einem feinen Pulver zerstoßen und mit Talg verknetet zum Urahn des Energieriegels verarbeitet. Diese hochkonzentrierte, haltbare Nahrung deckte in Hungerzeiten den kompletten Nährstoffbedarf ab, war gut transportierbar und konnte eingelagert oder mitgenommen werden. Daher war Pemmikan sehr wertvoll; es wurde auch Teil der traditionellen Handelswirtschaft, einem feingliedrigen lokalen und transkontinentalen Netzwerk zur Verteilung lebenswichtiger Materialien über Ökosysteme und Kulturen hinweg. Überschüssige Felsenbirnen-Kalorien konnten so gegen andere, vor Ort nicht verfügbare Güter eingetauscht werden.

Überall, wo Felsenbirnen wachsen, werden sie von den Indigenen als Nahrungsmittel genutzt. Ich bin Angehörige der Potawatomi-Nation, einer der Stammesgruppen der Anishinaabe in der Region der Großen Seen. Auf traditionellen Festen durfte ich immer wieder das dickflüssige, dunkellila Felsenbirnenkompott kosten, das meine Geschmacksknospen und meine Erinnerungen an diese uralte Speise nachhaltig geprägt hat.

Auf Potawatomi heißt die Felsenbirne *Bozakmin,* und das ist ein Superlativ: die beste aller Beeren. Als eine auf meiner Zunge liegt, pflichte ich meinen Vorfahren bei: Dieser Name passt. Man stelle sich eine Frucht vor, die schmeckt wie eine Heidelbeere, gekreuzt mit der angenehmen Schwere eines Apfels, einem Hauch Rosenwasser und einem Anflug von Mandelaroma in den knusprigen Kernchen. Nichts, was man im Supermarkt kaufen kann, ähnelt ihrem Geschmack, er ist wild, komplex, mit einem Aroma, das unser Körper sofort erkennt als wahre Nahrung, auf die er nur so gewartet hat. Ich kann beinahe spüren, wie meine Mitochondrien in einen Freudentanz verfallen.

Der wichtigste Teil des Wortes *Bozakmin* ist für mich die Silbe *min,* das bedeutet »Frucht« oder »Beere«. Sie taucht im Potawatomi auch in den Wörtern für Heidelbeere (*Minaan*), Erdbeere (*Odemin*), Himbeere (*Mskadiismin*) auf, ja sogar für Apfel (*Mishiimin*), Mais (*Mandamin*) und Wildreis (*Manomin*). Dieses Wort ist eine Erleuchtung, denn es ist auch der Stamm des Wortes »Geschenk«. Mit so einem Namen für die Pflanzen, die uns mit Gutem überschütten, erkennen wir an, dass sie Geschenke unserer pflanzlichen Verwandten sind, Ausdruck ihrer Großzügigkeit, ihrer Fürsorge und ihrer schöpferischen Kraft. Der Anishinaabe-Linguist James Vukelich nennt diese Pflanzengeschenke einen »Ausdruck der bedingungslosen Liebe der Pflanzen zu den Menschen«. Pflanzen schenken, was sie haben, jedem, der es braucht, »Heiligen und Sündern gleich«, schreibt er.

Wenn ich diese schimmernden Juwelen in meiner hohlen Hand betrachte, entfährt mir unwillkürlich ein Seufzer der Dankbarkeit. Dankbarkeit nämlich ist die erste, intuitive Reaktion auf solche Geschenke. Sie strömt zu unseren Pflanzen-Ältesten und strahlt aus zum Regen, zum Sonnenschein, zu der Unwahrscheinlichkeit von Sträuchern voller süßer Leckerbissen in einer Welt, die ansonsten ziemlich bitter schmecken kann.

In den Augen der Anishinaabe gelten nicht nur Früchte als Geschenke, sondern alles, womit die Erde unser Leben ermöglicht, vom Fisch bis zum Feuerholz. Alle Grundlagen für unser Leben, die Zweige für Körbe, die Wurzeln für Arzneimittel, die Bäume, deren Leiber unsere Häuser bilden und die Seiten unserer Bücher, stammen von Lebewesen, die keine Menschen sind. Und das trifft genauso zu für das, was wir direkt im Wald ernten, wie für Produkte, die durch den Handel gehen und die wir aus den Regalen eines Ladens ernten – alles kommt von der Erde. Wenn wir von diesen Produkten nicht als Dinge, als natürliche

Ressourcen oder als Waren sprechen, sondern als Geschenke, verändert das unsere gesamte Beziehung zur Natur.

In der traditionellen Wirtschaft der Anishinaabe ist die Erde der Ursprung aller Güter und Dienstleistungen, die wie Geschenke ausgetauscht und verteilt werden: Ein Leben wird gegeben, um ein anderes möglich zu machen. Im Mittelpunkt steht das Wohl des Volks, nicht nur eines Einzelnen. Und ein Geschenk der Erde anzunehmen geht einher mit Verantwortung für das Teilen, für Respekt, Gegenseitigkeit und Dankbarkeit - und genau darüber möchte ich jetzt sprechen.

Die Dankbarkeit, die ich hier meine, ist so viel mehr als ein höfliches Danke. Kein ritueller Automatismus von Umgangsformen, sondern die Anerkennung einer Schuldigkeit, die uns innehalten lässt in der Erkenntnis, dass unser Leben vom Leib unserer Mutter Erde genährt wird. Meine vom Saft klebrigen Finger erinnern mich daran, dass mein Leben vom Leben anderer abhängt, ohne die es mich schlichtweg nicht geben würde. Wasser ist

Leben, Nahrung ist Leben, Erde ist Leben; und alles das wird *unser* Leben über das zweifache Wunder von Photosynthese und Atmung. Alles, was wir zum Leben brauchen, kommt durch die Erde. Es ist keine leere Metapher, dass wir sie »Mutter Erde« nennen. Nahrung in unserem Mund ist der Faden, der uns in einer gleichzeitig spirituellen und körperlichen Beziehung zu ihr hält, denn unsere Körper werden gesättigt und unsere Seele genährt durch einen Geist der Zugehörigkeit, des wichtigsten aller Lebensmittel. Ich habe keinen Anspruch auf diese Früchte, und doch liegen sie da in meinem Eimer: ein Geschenk.

Dieser Eimer Felsenbirnen steht für einen hundertfachen Gabentausch, der zu meinen blau gefleckten Fingern führte: die Ahorne, die dem Boden ihre Blätter gegeben haben, die wimmelnden Wirbellosen und Mikroorganismen, die Nährstoffe und Energie ausgetauscht haben, um den Humus herzustellen, in dem ein Felsenbirnensamen wurzeln konnte, der Zedernseidenschwanz, der den Samen fallen ließ, die Sonne, der Regen, die ersten Früh-

lingsfliegen, die die Blüten bestäubten, und der Landwirt, der zum Spaten gegriffen hat, um die Setzlinge einzupflanzen. Sie alle sind Teil des Gabentauschs, über den alle bekommen, was sie brauchen.

Viele indigene Völker, auch meine Verwandten bei den Anishinaabe und meine Nachbarn, die Haudenosaunee, sind Erben einer »Dankbarkeitskultur«, in der das Leben um Anerkennung und Verantwortung für die Gaben der Erde kreist, und das sowohl in Zeremonien als auch im alltäglichen Handeln. Unsere ältesten Erzählungen mahnen uns, dass verweigerte Dankbarkeit ein Geschenk verdirbt und schlimme Folgen hat. Tut man dem Biber unrecht, indem man zu viele erlegt, wird er verschwinden. Verschwendet man Mais, so wird man hungern.

Wenn wir die Geschenke, die wir empfangen, aufzählen, bekommen wir eine Ahnung vom Überfluss, ein Bewusstsein dafür, dass wir schon haben, was wir brauchen. Anzuerkennen, wann es »genug« ist, ist ein radikaler Akt in einer Ökonomie, die uns zu immer mehr Konsum drängt. Die Statistik sagt uns, dass auf unserem Planeten »genug« Kalorien als Nahrung zur Verfügung stehen, damit wir acht Milliarden alle satt werden. Und doch gibt es Menschen, die hungern. Und wenn wir alle nur genug nehmen würden, statt viel mehr, als uns zusteht? Wohlstand und Sicherheit, nach denen wir uns sehnen, könnten aus Gerechtigkeit entstehen. Ökopsychologen haben nachgewiesen, dass praktizierte Dankbarkeit dem Hyperkonsum Zügel anlegt. Beziehungen, die vom Geist des Geschenks durchdrungen sind, lindern das Gefühl von Mangel und Knappheit. In diesem Klima der Genügsamkeit legt sich unser Hunger nach mehr, und wir nehmen nur, was wir brauchen, voller Hochachtung für die Großzügigkeit des Schenkenden. Klimakatastrophe und Biodiversitätsverlust sind Folgen der hemmungslosen Selbstbedienung der Menschen. Könnte eine Kultur der Dankbarkeit ein Schritt zu einer Lösung sein?

Paulie staunt, dass ich diese Früchte kenne, denn den meisten Menschen hier sind sie unbekannt. Als Sammlerin in der Natur gehe ich jedoch gerne den Stimmen der Zedernseidenschwänze nach – und finde oft nur eine enttäuschende Handvoll Früchte, die sie mir übrig gelassen haben. So viele wie hier habe ich noch nie auf einmal gesehen. Meine Freundin wiederum, die sie gepflanzt hat, ist begeistert zu hören, dass sie für uns einen wichtigen Teil unserer traditionellen Ernährung darstellen; und ich sehe, wie meine Glückseligkeit auch sie aufheitert.

Dankbarkeit also ist unsere erste Reaktion auf das Empfangen eines Geschenks, und die zweite ist die Erwiderung: dem Geber selbst ein Geschenk zu machen. Was kann ich diesen Pflanzen für ihre Großzügigkeit zurückgeben? Ich kann das Geschenk mit einer direkten Reaktion erwidern, also Unkraut jäten oder gießen oder ein Danklied anstimmen, das meine Wertschätzung in den Wind hinausträgt. Ich könnte Lebensraum für die Solitärbienen schaffen, die diese Blüten befruchtet haben. Genauso möglich ist auch eine indirekte Aktion, etwa eine Spende an eine lokale Naturschutzorganisation für den Erhalt von mehr Lebensraum für die Schenkenden, oder eine Wortmeldung bei einer Gemeindeversammlung zur Landnutzung oder ein Kunstwerk, das andere ins Netzwerk des Gebens und Nehmens einlädt. Wir können unsere Geschenke zu ihren legen und damit die Vernetzung der Gegenseitigkeit erweitern. Ich könnte meinen CO_2-Fußabdruck verkleinern, Befürworter von gesunder Landnutzung wählen, mich für den Schutz von Kulturflächen einsetzen, meine Ernährung umstellen, meine Wäsche in die Sonne hängen. In unserer Zeit kommt es auf jede einzelne Entscheidung an.

Dankbarkeit und Reziprozität sind die Währung einer Schenkökonomie, und sie haben die bemerkenswerte Eigenschaft, sich bei jedem Austausch zu vermehren, ihre Energie vermehrt sich, wenn sie von Hand zu Hand gehen, ein echter erneuerbarer Rohstoff.

Können wir uns eine menschliche Ökonomie vorstellen, deren Währung den Geschenkfluss von Mutter Erde nachahmt? Eine Währung aus Geschenken?

Wenn ich in einer Beziehung von Reziprozität spreche, muss ich eines klarstellen: Ich meine damit keinen bilateralen Austausch, bei dem Verpflichtungen im Spiel sind und der mit einer wie auch immer gearteten »Bezahlung« abgegolten und beglichen werden kann. Nein, ich meine, dass das Geschenk in Bewegung bleibt, dass es offen und diffus zirkuliert, denn das Geschenkte soll sich nicht anhäufen und stagnieren, sondern weiterwandern, wie das Geschenk der Früchte in einem Ökosystem. Die Ökologie definiert die Währung eines Ökosystems in Begriffen der Biogeochemie: dem Kreislauf der lebensbildenden Materie zwischen dem Belebten und dem Unbelebten.

Die Früchte lassen meinen Eimer klingeln. Meine Ernte wird schwerer, und es stellt sich die Frage, woraus sie sich eigentlich zusammensetzt. Unsere Felsenbirnen enthalten sowohl elementare Substanzen wie Kohlenstoff und Stickstoff als auch die Energie, die in ihrem Zucker gespeichert ist. Um diese natürliche Ökonomie zu verstehen und auf unsere zu übertragen, müssen wir uns ins Gedächtnis rufen, dass Materie und Energie in einem Ökosystem unterschiedlich zirkulieren.

Materielle Substanzen wie Kohlenstoff, Stickstoff und Phosphor – die Grundelemente des Lebens – zirkulieren durch ein Ökosystem und verändern bei diesem Kreislauf ständig ihre Form. Folgen wir einmal dem Kohlenstoff in dieser Felsenbirne. Die Blätter des Baums nehmen aus der Atmosphäre Kohlendioxid auf, das sie in dem genialen Prozess der Photosynthese in Zucker umwandeln. Das Geschenk der Atmosphäre lagert jetzt in der Frucht. Wenn der Zedernseidenschwanz sie frisst, wird ein Teil dieses Kohlenstoffs zu den Federn, die den gelben Streifen an seiner Schwanzspitze formen, der in der Nachmittagssonne aufblitzt. Fällt so eine Feder zu Boden, wird sie zum Futter für Käfer, die werden Futter für eine Wühlmaus, die nach ihrem Tod den Boden bereichert, und der nährt den Felsenbirnensämling, der jetzt am Waldrand keimt. Substanzen bewegen sich in einer Kreislaufwirtschaft durch das Ökosystem, und das unter ständigem Wandel. Überfluss entsteht aus Recycling, aus Reziprozität, aus einem Geben und Nehmen.

Dieses Recycling verläuft in unterschiedlichem Tempo, manchmal schon in Minuten, etwa wenn ein Phosphormolekül zwischen dem Wasser und schwimmenden Grünalgenzellen hin und her tanzt. Die Alge nimmt den Phosphor in ihrem Zellkörper auf, der wenige Minuten später von Zooplankton gefressen wird; der Mineralstoff wird daraufhin ins Wasser ausgeschieden, wo eine andere Grünalge sich darüber freut. Andere Zyklen verlaufen langsamer. Manchmal werden Stoffe gebunkert und langfristig eingelagert, etwa wenn Stickstoff 300 Jahre lang in einem Baumstamm fixiert bleibt; irgendwann aber gelangen die Substanzen immer zurück in den Kreislauf. Der Saft, der aus diesen Früchten tropft, war letzte Woche noch Regen und ist schon wieder auf dem Weg hinauf in die Wolken. Diese Prozesse illustrieren modellhaft das Prinzip einer Kreislaufwirtschaft, in der es keine Abfälle gibt, sondern nur Ausgangsstoffe. Überfluss entsteht aus dem ständigen

Recycling von Substanzen, nicht aus ihrer Verschwendung.

Bei der Energie dagegen liegen die Dinge anders. Während chemische Elemente in einem Ökosystem zirkulieren, fließt Energie in einer Einbahnstraße. Zwar kann man sie zeitweise zwischenspeichern, aber nach den Gesetzen der Thermodynamik fließt sie immer weiter. Die Sonnenenergie, die in den chemischen Bindungen einer Felsenbirne gespeichert ist, befeuert das Trällern der Zedernseidenschwänze, wird jedoch am Ende in Form von Wärme freigesetzt, die der gefiederte Körper abgibt. Energie lässt sich nie vollständig recyceln; sie wird in der thermodynamischen Ineffizienz des Energietransfers zwischen Lebewesen verbraucht. Daher muss Energie, um den Fluss aufrechtzuerhalten, ständig nachgeliefert werden. Auf meinem Dach liegen Solarmodule, und mein Leben ist so sonnenbetrieben wie sie. Ist es verwunderlich, dass die Sonne seit jeher als Ursprung des Lebens verehrt wird?

In einer Industriewirtschaft liegt am Ursprung des Warenflusses wohl die »Produktion«, die selbst in menschlicher Arbeit und in der Umwandlung der Gaben der Erde in Waren wurzelt. Allzu oft geht diese Produktion aber zulasten von großen Zerstörungen. Wenn ein Wirtschaftssystem aktiv zerstört, was wir lieben, ist es dann nicht Zeit für ein anderes System?

Mehrere einflussreiche feministische Forscherinnen erinnern daran, dass das Schenken eine der grundlegendsten menschlichen Beziehungen überhaupt darstellt. Wir alle beginnen unser Leben als Beschenkte; Genevieve Vaughan spricht von einer »mütterlichen Schenkökonomie«, dem Fluss von »Gütern und Fürsorge« von der Mutter zum Neugeborenen. Indem sie ihr Kind stillt, wird die Grenze des individuellen Ichs durchlässig, und nur auf das gemeinsame Wohlbefinden kommt es an. Die mütterliche Schenkökonomie ist ein biologischer Imperativ. Brutpflege folgt keiner Meritokratie, keinem Verdienst. Mütter verkaufen ihre Milch nicht an ihre Babys, sie ist ein reines Geschenk, damit das Leben weitergehen kann. Die Währung dieser Ökonomie ist der Fluss von Dankbarkeit, der Fluss der Liebe, die eigentliche Grundlage des Lebens.

Können wir also analog dazu unsere Versorgung an der Brust von Mutter Erde genauso als mütterliche Schenkökonomie begreifen? Dafür spricht, so diese feministischen Forscherinnen, dass das Geben und Nehmen in diesem Geist eine grundlegende Form der gegenseitigen Fürsorge darstellt, ohne einen Eingriff von Staat oder Markt. Die Soziologin Miki Kashtan erforscht etwa, wie Philosophie und Praxis einer mütterlichen Schenkökonomie die Gesellschaft zu mehr Gerechtigkeit und Nachhaltigkeit verändern könnten.

Wenn in der Ökonomie der Natur alles Fließen von der Sonne kommt, was ist dann die »Sonne« einer menschlichen Schenkökonomie, der Ursprung, der den Umlauf der Geschenke ständig im Fließen hält? Vielleicht ist es die Liebe.

IN EINER FELSENBIRNEN-ÖKONOMIE nehme ich das Geschenk des Baumes an und verteile dieses Geschenk dann weiter, zum Beispiel mit einer Schüssel Felsenbirnen für meine Nachbarin, die einen Kuchen für sich und einen Freund backt, der sich so reich an Nahrung und Freundschaft fühlt, dass er ehrenamtlich bei einer Tafel mithilft. Jeder weiß, wie so etwas geht.

Wenn ich dagegen in einer Marktökonomie einen Korb Felsenbirnen kaufe, endet die Beziehung mit dem Bezahlen. Habe ich einmal meine Kreditkarte gezückt, kommt es zu keinem weiteren Austausch mehr mit der Verkäuferin oder dem Laden. Wir sind fertig. Die Ware gehört jetzt mir, ich kann damit tun und lassen, was ich will. Die Verkäuferin, das Geschäft und ich – die Kundin – führen eine rein materielle Transaktion durch. Da entsteht nichts Gemeinsames, nur ein Handel mit Waren. Denken wir nur, wie merkwürdig – aber wie wunderbar – es wäre, wenn wir der Verkäuferin auf der Straße begegnen würden und sie nach unserem Rezept für den Felsenbirnenkuchen fragen würde. Das wäre eine Grenzüberschreitung. Wenn aber die Früchte ein Geschenk wären – wahrscheinlich würden wir dann immer noch da stehen und plaudern.

Die Welt als Geschenk zu bezeichnen bedeutet, sich als Knoten im Netz der Reziprozität zu fühlen. Es macht uns glücklich – und es macht uns verantwortlich. Wenn wir etwas als Geschenk betrachten, verändert das unsere Beziehung dazu grundlegend, auch wenn das »Ding« sich äußerlich nicht verändert hat. Eine Wollmütze, die wir im Geschäft kaufen, hält uns warm, egal, woher sie stammt; wenn aber unsere Lieblingstante sie selbst gestrickt hat, stehen wir zu diesem »Ding« in einer ganz anderen Beziehung: Wir sind verantwortlich dafür, und unsere Dankbarkeit kann in der Welt etwas bewegen. Wahrscheinlich werden wir viel besser auf das Geschenk aufpassen als auf die gekaufte Mütze, weil es selbst ein Netz von Beziehungen verkörpert. Darin liegt die Kraft des Denkens in Geschenken. Wenn wir anerkennen, dass alles, was wir konsumieren, ein Geschenk von Mutter Erde ist, würden wir besser auf das aufpassen, was uns geschenkt wird.

Einmal hielt ich einen Vortrag am *College of Natural Resources*, einer großen, angesehenen Universität. Bei dieser Gelegenheit hinterfragte ich den Namen der Fakultät, schließlich verarbeiten wir *natural resources,* die natürlichen Rohstoffe, zu etwas, das wir wertschätzen. Zufällig lief an diesem College gerade der Entscheidungsprozess für eine Umbenennung, weil der alte Name zu viele Assoziationen an die Extraktionswirtschaft weckte. Ich machte dazu einen Vorschlag: »Sie könnten sich doch *Department of Earthly Gifts* nennen?« Es war wirklich sehenswert, wie sich im ganzen Raum ein glückliches Lächeln breitmachte. »Ohhh ja«, riefen die Anwesenden, und ihre Sehnsucht war mit Händen zu greifen. »Wir wollen für die ›Fakultät der Erdengaben‹ arbeiten!« Natürlich kam es anders. »Es war eine hübsche Idee«, sagte mir ein Kollege später, »aber dann hätten wir wohl damit aufhören müssen, Bäume zu schreddern.«

Einem Geschenk unrecht zu tun ist emotional und ethisch belastend und wirkt sich auch ökologisch aus. Ich denke zum Beispiel an eine Quelle, die ich gut kenne; eiskaltes Wasser sprudelt dort aus dem Boden, so lebendig, dass einem fast schwindlig wird. Ich trinke davon aus der hohlen Hand, besprenkele mir das Gesicht und fülle für später meine Flasche auf. War Wasser nicht genau so gedacht: umsonst und sauber? Wann haben Sie zum letzten Mal frisches Quellwasser getrunken? Für mich ist das wie ein Geschenk. Das Leben dieses Wassers wird mein Leben – und mein Vergnügen, wenn ich an dieser Quelle stehe. In Geschenken zu denken, bedeutet, dass ich aus Dankbarkeit für das Trinken die Blätter vom Boden des Beckens sammle und aufpasse, dass ich die Ränder nicht verschmutze. Ich kümmere mich um das Geschenk, damit es weiter schenken kann.

Wenn ich aber dieser Quelle unrecht tue, wenn ich zum Beispiel hineinpinkele oder das Wasser, das nur sich selbst gehört, aufstaue, um es zu verkaufen, wäre das ein Verstoß gegen emotionale Regeln und würde den Ruin der Wasserqualität bedeuten. Ich würde mich dann genauso schmutzig fühlen wie das Wasser. Schon dass jemand behaupten könnte, er würde es besitzen, ist ein Schlag ins Gesicht. Nicht verhindern kann dieses moralische Denken jedoch eine Ökonomie, die Wasser als Ware ansieht, als Eigentum, das gekauft und verkauft werden kann. Mir scheint es absurd, dass jemand Wasser besitzen können soll, ein kostenloses Geschenk, das wie das sprichwörtliche Manna vom Himmel fällt. Könnte man Manna zu Geld machen, ohne damit seine Seele zu verkaufen? Ich glaube nicht.

Unser Denken wirkt sich am Ende auf unser Verhalten aus. Betrachten wir diese Früchte oder diese Quelle als Gegenstand, als Eigentum, so können sie in einer Marktwirtschaft als Ware ausgebeutet werden. Wenn etwas vom Geschenk zur Ware wird, können wir uns aus der gegenseitigen Verantwortung lösen. Und wir wissen, was das zur Folge hat.

Warum also lassen wir dann die Dominanz von Wirtschaftssystemen zu, die alles zur Ware machen? Die Knappheit schaffen statt Überfluss, die für das Anhäufen werben anstatt für das Teilen? Wir haben unsere Werte einem Wirtschaftssystem untergeordnet, das das, was wir lieben, aktiv beschädigt. Unsere Kennzahlen für die Bemessung von wirtschaftlichem Wert, zum Beispiel das BIP, berücksichtigen nur den monetären Marktwert dessen, was zu kaufen und zu verkaufen ist. In dieser Gleichung ist kein Raum für den ökonomischen Wert von sauberer Luft, CO_2-Speicherung und dem unbezifferbaren Reichtum eines Waldes voller Vogelgesang. Wo bleibt der Wert einer Schmetterlingsart, die seit Jahrtausenden gedeiht und nirgends sonst auf der Welt existiert? Es gibt keine Berechnungsformel, die komplex genug wäre, um die Herkunft von Erzählungen zu erfassen. Es schmerzt mich zu wissen, dass ein alter Primärwald als Bauholz weitaus mehr »wert« ist als als Lunge der Erde. Und doch bin ich an diese Wirtschaft gebunden, im Großen und im Kleinen, unausweichlich dieser alles durchdringenden Ausbeutung ausgeliefert. Ich frage mich, wie wir das ändern können. Und damit bin ich nicht allein.

ICH BIN BOTANIKERIN, und mein Wissen in Ökonomie und Finanzen nimmt etwa so viel Raum ein wie der kleine Rüschenkranz am Ende einer Felsenbirne, der einst ein Teil der Blüte war. Man nennt ihn Calyx, falls Sie nach neuem Wortschatz gieren, so wie manche Menschen nach Geld gieren.

So wortgewandt wie über Blüten und Früchte kann ich mich in ökonomischen Belangen nicht ausdrücken; daher möchte ich die konventionelle Bedeutung der Ökonomie hinterfragen und sie vergleichen mit meinem Verständnis von der Schenkökonomie der Natur. Wozu dient eigentlich die Wirtschaft? Nun, das hängt sehr davon ab, wen man fragt. Der US-Verband der Wirtschaftswissenschaftler, die *American Economic Association*, erklärt auf ihrer Website: »Ökonomie untersucht Knappheit und fragt, wie Menschen Ressourcen nutzen und auf Anreize reagieren.« Mein Schwiegersohn Dave unterrichtet Wirtschaft in der Schule, und das erste Prinzip, das seine Schüler lernen, lautet, dass es in der Ökonomie darum geht, mit Knappheit umzugehen. In einem Markt wird implizit alles als knapp definiert. Und wenn Knappheit das Grundprinzip ist, beruht das daraus abgeleitete Denken auf der Kommodifizierung von Gütern und Dienstleistungen: Alles wird zur Ware.

Ich habe die Schule längst hinter mir, aber ich kann dieses Denken nicht ganz begreifen. Deshalb fülle ich eine Schüssel mit frischen Felsenbirnen für meine Freundin und Kollegin Valerie Luzadis. Sie weiß Erdengaben zu schätzen und ist Professorin und ehemalige Präsidentin der *US Society for Ecological Economics*. Das aufstrebende Wissenschaftsfeld der Ökologischen Ökonomie integriert die natürlichen Systeme der Erde sowie menschliche ethische Werte in die konventionelle Wirtschaftstheorie. Valerie bevorzugt die Definition: »Ökonomie ist die Frage, wie wir uns organisieren, um Leben zu ermöglichen und die Lebensqualität zu verbessern. Es geht um die Frage, wie wir für uns sorgen.« Das gefällt mir schon besser.

Die Begriffe Ökologie und Ökonomie gehen auf dasselbe griechische Wort zurück: *oikos,* deutsch ›Haus‹ oder ›Hausstand‹, also das System von Beziehungen, die Güter und Dienstleistungen, die unser Leben ermöglichen. Das System der Marktwirtschaft, das bei uns als Standard gilt, ist keineswegs das einzige existierende Wirtschaftsmodell. Anthropologen beobachten und beschreiben diverse kulturelle Modelle, die von sehr unterschiedlichen Ansichten darüber geprägt sind, »wie wir für uns sorgen« – darunter eben auch die Schenkökonomie.

Während die Felsenbirnen in meinen Korb purzeln, überlege ich, was ich mit diesen Mengen überhaupt anfangen soll. Ein paar werde ich bei Freunden und Nachbarn vorbeibringen, und natürlich werde ich für Felsenbirnen-Muffins im Februar das Eisfach befüllen. Dieses »Problem«, Entscheidungen über den Überfluss zu treffen, erinnert mich an einen Aufsatz des Linguisten Daniel Everett über ein Aha-Erlebnis bei einer Gemeinschaft von Jägern und Sammlern im brasilianischen Regenwald; ich habe in Lewis Hydes wichtigem Buch *Die Gabe* davon gelesen.

Everett berichtet, wie ein Jäger einmal eine so riesige Jagdbeute nach Hause brachte, dass seine Familie sie gar nicht vertilgen konnte. Der Forscher fragte, wie er die Reste aufbewahren würde. Die Techniken für das Räuchern und Dörren waren gut bekannt, Lagerung also möglich. Doch der Jäger reagierte verständnislos auf die Frage – das Fleisch lagern? Warum sollte er das tun? Stattdessen lud er zu einem Festmahl ein, und schon bald saßen die versammelten Nachbarsfamilien um seine Feuerstelle, bis der letzte Bissen verspeist war. Dem Anthropologen schien das ein unangemessenes Verhalten, und wieder fragte er, warum der Jäger angesichts der ungewissen Verfügbarkeit von Wild im Wald das Fleisch nicht für sich selbst einlagerte, wie es das Wirtschaftssystem seiner Heimatkultur vorgeben würde.

»Mein Fleisch einlagern? Ich lagere mein Fleisch im Bauch meines Bruders«, erwiderte der Jäger.

Ich fühle mich diesem namenlosen Lehrer für seine Worte zu großem Dank verpflichtet. Er trifft genau ins Herz der Schenkökonomie, eine frühe Alternative zur Marktwirtschaft, eine andere Art, sich »zu organisieren, um Leben zu unterhalten«. In einer Schenkökonomie versteht man unter Reichtum, genug zu haben, um zu teilen, und der praktizierte Umgang mit Überfluss besteht darin, ihn weiterzureichen. Status wird nicht dadurch bestimmt, wie viel Besitz man anhäuft, sondern wie viel man weitergibt. Die Währung einer Schenkökonomie sind Beziehungen, die als Dankbarkeit zum Ausdruck kommen, als wechselseitige Abhängigkeit und fortgesetzter

Kreislauf des Gebens und Nehmens. Eine Schenkökonomie stärkt die Bindungen der Gemeinschaft, die das allgemeine Wohlbefinden verbessern; die ökonomische Einheit ist nicht »ich«, sondern »wir«, denn alles Gedeihen beruht auf Gegenseitigkeit.

Anthropologen charakterisieren Schenkökonomien als Tauschsysteme, in denen Güter und Dienstleistungen zirkulieren, ohne dass explizit eine direkte Gegenleistung erwartet wird. Dem Anthropologen und Philosophen Marshall Sahlins zufolge ist das zentrale Element der Schenkökonomie eine allgemeine Reziprozität, und das funktioniert am besten in kleinen, eng verwobenen Gemeinschaften. Wer hat, gibt denen, die nicht haben, und damit haben alle im System, was sie brauchen. Dabei gibt es keine Regulierung von oben nach unten, sondern das System beruht auf einem kollektiven Sinn für Gerechtigkeit und des »Genugseins« und auf der Verantwortung für die Verteilung der Gaben der Erde.

Charles Eisenstein sagt in seinem Buch *Ökonomie der Verbundenheit:* »Geschenke bestärken die mystische Erkenntnis, Teil von etwas zu sein, das größer ist als man selbst und das dennoch nicht von einem selbst getrennt ist. Die Maxime vom rationalen Eigeninteresse verändert sich, weil sich das Selbst ausgedehnt hat, um etwas vom anderen mit einzuschließen.« Gedeiht die Gemeinschaft, so haben alle, die dazugehören, teil am selben Überfluss – oder Mangel –, den die Natur zur Verfügung stellt.

In einer Schenkökonomie ist die gängige Währung Dankbarkeit und Beziehung und nicht Güter oder Geld. Sie umfasst ein System sozialer und moralischer Übereinkünfte für indirekte Reziprozität statt für direkten Austausch. Der Jäger, der heute sein Festmahl geteilt hat, kann darauf setzen, dass in Zukunft andere einen üppigen Fischfang teilen oder ihre Hilfe bei der Reparatur eines Bootes anbieten werden. Der Wohlstand der Gemeinschaft wächst mit der Dynamik der Beziehungen und nicht mit der Akkumulation von Gütern.

Wenn die Natur als Geschenk verstanden

wird statt als Privateigentum, ergeben sich ethische Grenzen für die Anhäufung von Überfluss, der ja kein Besitz ist. Geschenke sind nicht dazu da, gehortet zu werden und damit für andere knapp zu werden, sondern zum Weitergeben; und das bewirkt, dass für alle genug da ist.

Schenkökonomien in allen Stadien der Formalisierung und Ritualisierung existieren in traditionellen Gemeinschaften von Indigenen weltweit. Bei den Zusammenkünften meiner Potawatomi-Nation gibt es häufig ein »Giveaway«, eine Zeremonie, bei der durch das Verteilen von Geschenken Beziehungen gestärkt werden sollen. In der westlichen Welt kann man bei der Feier eines Lebensereignisses erwarten, mit Geschenken bedacht zu werden; bei uns sind die Vorzeichen umgekehrt. Wer mit Vermögen gesegnet ist, teilt es, schenkt es weiter.

Ein bekanntes Beispiel für eine Schenkökonomie ist der »Potlatch« bei indigenen Völkern in den nordwestlichen Küstenregionen Amerikas. Hier zirkulieren in der Gruppe Geschenke, die Bindungen und Beziehungen festigen und Reichtum umverteilen. Traditionelle Potlatchs sind Feste des Schenkens, bei denen mit grandioser Großzügigkeit Besitz verschenkt wird, um wichtige Lebensereignisse zu markieren. Die zeremoniellen Feierlichkeiten stellen den Reichtum des Schenkenden zur Schau, stärken sein Ansehen und kräftigen Verbindungen in einem vielfältigen Beziehungsnetz. Die empfangenen Geschenke werden wahrscheinlich bei der nächsten Feier weitergereicht, so dass der Reichtum in Bewegung bleibt und gegenseitige Bindungen gestärkt werden. Diese ritualisierte Umverteilung von Reichtum wurde unter dem Einfluss von Missionaren im 19. Jahrhundert von den Kolonisatoren amtlich verboten. Der Potlatch widersprach, so meinte man, den »zivilisierten Werten der Akkumulation« und unterminierte die Begriffe von Privateigentum und Aufstieg, die für die Assimilierung an die koloniale Agenda als wesentlich galten.

Diese traditionellen Werte von Verbundenheit und Reziprozität wirken in aktuellen Ökonomien von Indigenen weiter, wie der Ökonom Ronald Trosper von den Salish-Kootenai in seinem Buch *Indigenous Economics: Sustaining Peoples and Their Lands* darlegt. Die Pflege guter Beziehungen zwischen der menschlichen und der nicht-menschlichen Welt ist die Hauptwährung allen Wohlergehens. Diese Beziehungswerte formen die aktuellen Übereinkünfte zu diversen ökonomischen Bedarfen der Stammesgemeinschaften von Bauholz bis Lachs. Bereits in der Überschrift wird dort manchmal die unterschiedliche Bewertung von Land als moralische Verpflichtung oder Land als Ware aufgeworfen.

Trosper erzählt, wie das Knüpfen von Beziehungen zu dem historischen Abkommen zwischen mehreren Stammesgesellschaften und der US-Regierung geführt hat, die Kulturlandschaft Bears Ears als Erstes auf Stammesgesellschaften ausgerichtetes Nationaldenkmal zu schützen.

Fünf Stammesgesellschaften unterhielten Beziehungen zur US-Regierung, um eine Erdengabe für immer in Gemeinschaftsbesitz zu halten und zu wahren. Der Prozess war ein entscheidender Schritt auf dem Weg, die Wunden einer jahrhundertelangen kolonialen Aneignungspraxis zu heilen. Allerdings wurde dieses vielversprechende indigene Wirtschaftsmodell jäh eingeschränkt, als Donald Trump die Entscheidung widerrief und stattdessen die Nutzungsrechte für dieses heilige Land einem privaten Uranbergbauunternehmen erteilte. Erst eine weitere Präsidentschaftswahl konnte das wieder revidieren.

Die ökonomische Konkurrenz zwischen kolonialer und indigener Währung endete keineswegs mit dem Büffel.

Diese beiden ökonomischen Weltsichten – Wohlstand durch individuelle Akkumulation oder Wohlstand durch das Teilen der Gemeingüter – durchziehen die gesamte Kolonialgeschichte der USA. Das ganze Unterfangen der Enteignung und Assimilierung der indigenen Völker war darauf angelegt, die Vorstellung von Land als Quell der Zugehörigkeit auszulöschen und ihn durch die Vorstellung zu ersetzen, Land sei nichts anderes als ein Quell des Besitzes. Dazu musste die Definition von Wohlstand eingeengt werden von allgemeinem auf individuellen Reichtum und von Überfluss auf Knappheit.

Um die Schenkökonomie selbst zu erleben, müssen wir nicht an einem Potlatch teilnehmen; wenn wir achtsam sind und sie beim Namen nennen, können wir sie überall in unserer Umgebung beobachten.

FREE FARM STAND

IM LAUFE DES AUGUSTS stellt meine Nachbarin Sandy, die weiter unten in einem alten Bauernhaus wohnt, unter den Ahornbäumen an ihrer Einfahrt einen kleinen Tisch auf. Die Einmachgläser mit leuchtenden Gladiolen sind mir sofort ins Auge gefallen. Außerdem liegt da ein Haufen Zucchinis, ein Korb neue rote Kartoffeln und ein Schild mit der Aufschrift »zum Mitnehmen«. Mehr als eine bestimmte Menge Gladiolen braucht kein Mensch, deshalb teilt sie die fröhliche Blütenpracht mit allen, die dafür stehen bleiben. Bei den Zucchinis sieht es schon anders aus.

In unserer Gegend kann ein warmer Spätsommer jeden Tag einen reifen Sommerkürbis hervorbringen, und für die überzähligen Früchte ein neues Zuhause zu finden ist kein Spaß mehr. Innerhalb weniger Tage explodieren sie von der Größe einer Gurke auf die eines Schweineschinkens. Es ist schon vorgekommen, dass Leute sie einander in die Briefkästen stecken oder sie heimlich auf den Vordersitz eines geparkten Autos legen. Ich weiß nicht, ob man da wirklich noch von einem Geschenk sprechen kann – eher ist es ein Versteckspiel um den reinen Selbsterhalt. Andererseits hat auch nicht jeder einen Garten und eine Zucchiniplage. Sandy freut sich, wenn ein Auto hält und jemand, der vielleicht gerade von der Arbeit kommt, das Geschenk von frischem Gemüse fürs Abendessen und einem Strauß für den Tisch freudig entgegennimmt. Die Währung dieses Tauschs ist das stille Lächeln auf beiden Gesichtern. Die Praxis der Garten-Giveaways scheint in unserer Straße ansteckend zu sein. Eines Tages parkte am Rand einer frisch gemähten Wiese ein alter Wohnwagen. Kein Strom, kein Wasser. Eine Woche später stand davor ein notdürftiger Tisch aus aufgebockten Brettern. Darauf reihten sich ein verschnörkeltes Gewürzregal, ein kleines Häufchen mit Tarnausrüstung, eine Feldflasche im Segeltuchbeutel, ein Rucksack und ein Feldkochgeschirr. Und ein Schild: »zum Mitnehmen«.

Ist das schon eine Ökonomie? Ich denke ja – ein System der Umverteilung von Vermögen auf der Grundlage von Überfluss und der Freude am Teilen. Jemand sagt: Ich habe mehr, als ich brauche, also biete ich es dir an. Ich glaube, es ist kein Zufall, dass diese kleinen Aktionen alle auf ein paar Meilen Landstraße passieren. Schenken erzeugt Schenken, und das Geschenk bleibt in Bewegung. Solche Straßen gibt es übrigens noch viele mehr.

In Krisenzeiten erhebt sich aus dem Schutt eines Erdbebens oder aus den Trümmern nach einem Hurrikan die Schenkökonomie. In ihrem überwältigenden Buch *A Paradise Built in Hell* schildert Rebecca Solnit, wie in Katastrophenzeiten offenbar spontan Schenkökonomien aufkommen. Wenn Menschenleben bedroht sind, haben Handlungen des Mitgefühls Vorrang vor den Mechanismen des Marktes. Die Menschen beschenken sich großzügig, und Fragen des Eigentums verschwinden, wenn alle ihre Ressourcen in Form von Nahrung und Arbeitskraft und Decken solidarisch zusammenlegen. Wenn Steuerungssysteme und Marktwirtschaften auf Schuldenbasis zusammenbrechen, entstehen Netzwerke der Hilfsbereitschaft. Man hört Heldengeschichten über ganze Lkw-Ladungen von Brot aus Bäckereien, die einfach verschenkt werden. Noch Stunden zuvor war dieses Brot Privateigentum, das mit Gewinn verkauft und gegen Diebe verteidigt wurde, doch in der Not wird es zum Geschenk. Der Überschuss füllt den Magen der Nachbarn, die alles verloren haben. Und der Helfer, der an einem gemeinschaftlichen Campingkocher an einer Straßenecke warme Suppe verteilt, gewinnt Ansehen und Ehre wie ein Potlatch-Ausrichter. Wir wissen, wie es geht, und obendrein wünschen wir uns nichts mehr als das, denn bei jedem Geschenketausch fühlen wir uns ein bisschen lebendiger.

Die Herausforderung besteht darin, unsere angelegte Fähigkeit zur Schenkökonomie ohne den Katalysator der Katastrophe auszuleben. Wie in jeder Schenkökonomie müssen wir an unsere Nachbarn glauben und daran, dass unsere gemeinsamen Interessen den impulsiven Egoismus überlagern können. Es wäre doch eine Tragödie, wenn wir einfach an das geläufige Narrativ über unser Wirtschaftssystem glauben, das uns in einem Nullsummenspiel gegeneinander in Stellung bringt!

Mit Staunen nahm ich zur Kenntnis, dass die moderne Wirtschaftstheorie grundsätzlich davon ausgeht, dass wir uns in Anlehnung an Adam Smith als »rationaler Agent« oder »Homo oeconomicus« verhalten, also als gieriges, isoliertes Individuum, das in purem Eigeninteresse handelt, um seine Gewinnmitnahme zu maximieren. Das System ist so angelegt, dass es diese hypothetische Karikatur stützt, und es damit offenbar auch hervorbringt. Doch wir alle wissen, dass Ausnahmen zu diesem Verhaltensmuster weit häufiger sind als das angenommene Stereotyp. Können wir uns ein System vorstellen, das ein anderes ökonomisches Selbstverständnis fördert, und uns als Nachbarn verstehen, die gemeinsam ins gegenseitige Wohlbefinden investieren? Zufällig belegen umfassende empirische Daten, dass wir Menschen genauso zu Kooperation und Freigebigkeit neigen wie zu Eigeninteresse, wenn wir nicht durch äußere Einflüsse eingeschränkt werden. Also sollten wir das soziale und politische Klima schaffen, um diesen »empathisch-solidarischen Menschen« zum Vorschein zu bringen. Warum denn eigentlich nicht?

Meine eigene Erfahrung stammt vollständig aus dem Leben auf dem Land, und mir ist schmerzlich bewusst, wie schwer ich einschätzen kann, wo sonst Schenkökonomien parallel zur Marktwirtschaft funktionieren könnten. Aber ich halte Vorträge an vielen Universitäten quer durch die USA, und immer frage ich die Studierenden, ob und wie sie sich an Verschenk-

Netzwerken beteiligen. Ich erfahre von aktiven Freecycling-Gruppen, Repair Cafés, von gespendeten Tassen statt Wegwerfbechern in der Cafeteria, von Kleidertauschbörsen, dem Buy-Nothing-Projekt und Umsonstläden auf dem Campus, wo Wohnheimausstattung über Generationen von Studierenden weitergereicht wird, ohne dass dafür ein Penny den Besitzer wechselt. Sie sensibilisieren sich gegenseitig für die Auswirkungen ihres Konsums und ihres Abfalls. Sie erzählen mir von Problemen in Sachen Umweltgerechtigkeit, hervorgerufen durch eine riesige Müllverbrennungsanlage neben einer Wohngegend, in der mehrheitlich People of Color leben. Sie begeistern sich daran, dass jeder Gegenstand, der durch den Umsonstladen geht, eben *nicht* als giftige Luftverschmutzung in einer Stadt endet, die ohnehin schon die höchste Rate an Kindern mit Asthma aufweist. Allen ist klar, dass sie nur eine winzige Delle in der Konsum- und Müllstatistik bewirken, aber es ist ein Engagement für die Idee und die Praxis einer Alternative, die weder Ungerechtigkeit noch Müllberge aus Plastik weiter in die Höhe treibt.

Es wird kaum überraschen, dass viele dieser Projekte aus einer anderen Welt stammen – der digitalen Welt. Ganz schnell kommt auf der Suche nach Beispielen für eine Schenkökonomie der Verweis auf Wissensallmenden wie Open-Source-Software und Wikipedia, bei denen auf digitalen Plattformen Wissen umsonst zur Verfügung gestellt wird. Wieder und wieder wird das Feld der TikTok- und YouTube-Videos genannt: »Du kannst lernen, was immer du willst, weil jemand seine Zeit und seine Erfahrung herschenkt und mit allen teilt, die sie haben wollen.«

Ein Spaziergang durch die digitale Landschaft ist für mich genauso ungewohnt wie meine Wälder für sie; ich unternehme also eine Exkursion und suche nach Beute in Form von Videos über die Schenkökonomie – und ich finde sie überall. Ich erfahre von Vereinen der Nachbarschaftshilfe, lokalen Schenkökonomien, alternativen Regionalwährungen, geldfreiem Work and Travel, kooperativen Bauernhöfen, Peer-to-Peer-Krediten und vielem mehr. In diesen Initiativen erkenne ich jede Menge Kreativität und den dringen Wunsch nach Veränderung.

Wir leben in einem Spannungsfeld zwischen dem, was ist, und dem, was möglich ist. Einerseits erleben wir die Reziprozität in der Ökonomie der Natur, die uns zeigt, wie es eigentlich funktionieren soll. Und gleichzeitig sehen wir die Folgen des extraktiven Kapitalismus, der alle Facetten des »Naturgesetzes« durchbricht. Ich bin mir sicher, dass ich nicht die Einzige bin, die an dieser Situation verzweifelt und sich machtlos dabei fühlt, sie zu verändern. Bei diesen Leuchtturmprojekten aber haben Menschen den Mut zu sagen: »Wir erschaffen Alternativen, die mit unseren Werten übereinstimmen. Wir brauchen uns nicht zu Komplizen zu machen.«

Mich ermutigen all diese Graswurzelinnovationen: Aus einer Haltung des Widerstands gegen die Wirtschaftssysteme, die zerstören, was wir lieben, erschaffen sie neue Systeme mit dem grundlegenden Bestreben zu schützen, was wir lieben. Besonders berührt mich die Formulierung, die wir dafür verwenden: Wie passend, dass wir von Graswurzelbewegungen sprechen, uns also an den Pflanzen und ihren Schenkökonomien orientieren.

Die Frage des Überflusses unterstreicht den eklatanten Gegensatz zwischen unserer Lebensweise, die die heutige Welt dominiert, und den alten Schenkökonomien, die ihnen vorausgingen. Es gibt viele Beispiele für funktionierende Schenkökonomien – in der Regel in kleinen, eng verbundenen Gesellschaften, in denen das Gemeinwohl als »Maßeinheit« für Erfolg anerkannt ist; dort übersteigt das »Wir«-Interesse das »Ich«-Interesse. Unsere Ökonomien dagegen sind inzwischen so groß und unpersönlich geworden, dass sie das Gemeinwohl eher ersticken als fördern. Vielleicht sollten wir daher neue Möglichkeiten suchen, den Austausch von Gütern und Dienstleistungen, den eine Ökonomie darstellt, zu organisieren.

Die meisten von uns sind eng in die Marktökonomie eingebunden, ein monetäres System, in dem Produktion und die Verteilung von

Gütern durch die Marktkräfte Angebot und Nachfrage gesteuert werden. Transaktionen sind immer freiwillig, Unternehmer dürfen nach Profit streben. Marktwirtschaft fußt auf Privateigentum und Wettbewerb, um den schmalen Grat zwischen Angebot und Nachfrage zu bewältigen – also Knappheit. Je größer das Missverhältnis zwischen Angebot und Nachfrage, desto größere Knappheit herrscht für diese Güter und desto höher steigt der Preis und damit auch der erzielte Gewinn. In einer Marktwirtschaft mit den Grundprinzipien Knappheit und Maximierung der Investitionsrendite muss das Fleisch Privateigentum sein und entweder zum Wohl des Jägers angehäuft oder für bares Geld eingetauscht werden. Den höchsten Status und Erfolg verleihen Eigentum und Profit. Nahrungssicherheit wird durch private Akkumulation gewährleistet.

Schenkökonomien dagegen beruhen auf dem Überfluss der Erdengaben, die niemandem gehören und daher geteilt werden. Teilen führt zu wohlwollenden Beziehungen und zu

Bindungen, die sicherstellen, dass wir zum Festessen eingeladen werden, wenn unserem Nachbarn das Jagdglück lacht. Sicherheit gewährleistet hier die Förderung von reziproken Bindungen. Margaret Atwood schreibt dazu: »Jedes Mal, wenn ein Geschenk überreicht wird, wird es belebt und neu geschaffen in dem neuen spirituellen Leben, das es beim Schenkenden und beim Beschenkten auslöst.« Man kann Fleisch in seiner Vorratskammer lagern oder im Bauch seines Bruders. Beides führt dazu, dass der Hunger gebannt wird, aber mit sehr unterschiedlichen Folgen für die Menschen und für den Erdboden, der diesen Lebensunterhalt überhaupt hervorgebracht hat.

MEINE ÖKONOMEN-KOLLEG:INNEN erinnern mich daran, dass wir in einer sogenannten gemischten Wirtschaftsordnung leben und nicht in einer reinen, freien Marktwirtschaft. Unternehmer sind in ihrer Gewinnmitnahme nicht völlig frei, es gibt staatliche Regulierungen, kollektive Übereinkünfte in Form von Gesetzen und Politik. Es gibt eine Mischung von privaten und öffentlichen Gütern. Findet sich in dieser Mischung auch Raum zur Förderung von Schenkökonomien?

Schenkökonomien sind überall, wenn wir

einmal danach suchen und sie beim Namen nennen. Freunde laden uns zum Essen ein oder geben einen Kinderwagen an eine Nachbarin mit neugeborenem Baby weiter. Eine Freundin von mir macht regelmäßig Reste-Lasagne, und weil es für sie immer zu viel ist, bringt sie etwas davon einem älteren Nachbarn.

Mein eigener Überfluss besteht tendenziell aus Büchern, weil ich dauernd welche geschenkt bekomme. Wenn ich sie ausgelesen habe – oder auch lange davor –, gebe ich sie an eine Freundin weiter. So etwas tut jeder. Schon dieser einfache Akt ist der Keim einer Schenkökonomie. Es fließt kein Geld, ich erwarte keinerlei Gegenleistung. Dieses Buch musste nicht in den Müll, und meine Freundin und ich haben eine Verbindung und ein Gesprächsthema; der Akt des Schenkens hat einen Kanal für reziprokes Geben und Nehmen eröffnet. Eigentlich ganz ähnlich wie das, was die Felsenbirnen tun. Einfache, alltägliche Schenkökonomien wie diese sind gut für die Menschen und gut für den Planeten.

Die Frage, die häufig folgt, lautet, wie wir Schenkökonomien aus dem Bereich der individuellen Beziehungen herausholen und auf einen größeren Maßstab ausweiten können. Ehrlich gesagt bin ich nicht sicher, dass das die richtige Frage ist. Warum muss alles immer ausgeweitet werden? Gerade der kleine Maßstab und der enge Kontext macht diesen Fluss von Geschenken so bedeutsam. Aber wenn es sein muss, will ich gerne überlegen, wie die Sache im kommunalen Maßstab aussehen könnte.

Wenn ich meine Straße weiter hinunterfahre, komme ich in ein Dorf, das so klein ist, dass es keine öffentliche Bibliothek hat. Aber vor einer der Kirchen steht auf einem Holzpfosten eine bunt bemalte Kiste in Form eines Häuschens mit Glastür. Auf zwei Regalbrettern drängen sich darin Krimis, Kinderbücher und ein paar Ratgeber. Die Passanten nehmen und geben Bücher, ohne irgendwelche Vorgaben. Jemand mit großem Talent für hübsche Schreinerarbeiten hat das Häuschen gebaut und der Gemeinschaft geschenkt, das lockte Bücherspenden an, und das wiederum das Geschenk von Lesenden. Diese Bewegung für kostenlose Bücherboxen gibt es inzwischen überall im Land, die Leselust zieht Kreise, und Bücher erreichen jeden: eine Schenkökonomie. Wenn wir vorher ein Buch an eine Freundin weitergegeben haben, sind wir jetzt einen Schritt weiter: Wir teilen mit einem ganzen Wohnviertel.

Wie kann solches Teilen in größeren Gemeinschaften funktionieren? Tatsächlich sind öffentliche Bibliotheken meines Erachtens ein gutes Beispiel dafür, wie Schenkökonomien auch in größerem Maßstab parallel zu Marktwirtschaften existieren können. Ja, es gibt in der Stadt privatwirtschaftliche Buchhandlungen, die sich häufig zu wichtigen gesellschaftlichen Treffpunkten herausbilden. Ich liebe Buchhandlungen aus diversen Gründen, aber zugleich habe ich große Wertschätzung sowohl für den Grundgedanken als auch für die Praxis von öffentlichen Bibliotheken. Für mich verkörpern sie geradezu den Begriff einer Schenkökonomie und des Gemeinguts. Bibliotheken sind Modelle einer Schenkökonomie, denn sie erlauben kostenlosen Zugriff nicht nur auf Bücher, sondern auch auf Musik, Werkzeug, Samen und vieles mehr. Wir müssen nicht alle alles besitzen. Die Bücher in der Bibliothek gehören allen und dienen als kostenlose Leihgaben (und mit einer größeren Auswahl als die Bücherbox!) dem Gemeinwohl. Man nimmt sie, freut sich daran, bringt sie zurück, so dass jemand anders sich daran freuen kann, ein literarischer Überfluss für alle. Alles, was man dafür braucht, ist ein Bibliotheksausweis, also eine Art Übereinkunft, dass man das Gemeingut respektiert und sorgfältig behandelt.

Als Einrichtung reicht eine Bibliothek schon nah an eine Schenkökonomie auf kommunaler Ebene heran, weil so mit kostenlos verfügbaren Gütern das Gemeinwohl gefördert wird. Dennoch handelt es sich nicht um eine waschechte Schenkökonomie, denn Bibliotheken werden mit Steuergeldern finanziert, also mit unfreiwilligen Spenden an das Gemeinwesen. Trotzdem frage ich mich, ob man Systeme, in denen öffentlicher Besitz geteilt wird, vielleicht in Analogie zu Schenkökonomien setzen kann.

Bibliotheken, Parks, Wanderwege und viele Kulturlandschaften gelten als öffentliche Güter, gemeinsam genutzte Räume, die nicht in Privatbesitz sind – wir sprechen vom »Gemeingut«, das von seinen Nutzern gemeinsam genutzt und gepflegt werden soll. Möglich wird das, wenn wir unsere überschüssigen Gelder in Form von Steuern für das Gemeinwohl zusammenlegen. Ja, wir ärgern uns, dass wir Steuern zahlen müssen, aber im Grunde ist diese gesetzliche Verpflichtung eine Investition in die kollektive Fürsorge, ins Gemeingut. Andere Länder bieten für das Gemeinwohl mehr als Bücher und Grünflächen. Dort fördert die »gemischte Wirtschaft« eher das Gemeingut als die private Besitzanhäufung, und beides existiert erfolgreich nebeneinander. Solche sozialdemokratisch geprägten Volkswirtschaften bieten ein kostenloses Gesundheitssystem, Bildung für alle, die Versorgung von Rentnern und Familien sowie Investitionen in die Nachhaltigkeit. Der skandinavische »Kuschelkapitalismus« wird häufig dem »Halsabschneider-Kapitalismus« der Vereinigten

Staaten gegenübergestellt. Die Steuerlast zur Unterstützung des Gemeinguts ist viel höher als in den USA, aber gleichzeitig bewegt sich auch der »Glücksindex« dort in solchen Höhen wie nirgends sonst. Uns Steuerzahler können solche Modelle inspirieren, innerhalb des kapitalistischen Rahmens – denn der wird so bald nicht enden – Elemente der Schenkökonomie zu fördern.

Unser Modell mit Zucchinis und Blumen existiert natürlich nicht nur unter Individuen, sondern auch im Rahmen von Organisationen. Meine Tochter leitet ein Projekt in der Landwirtschaftsberatung ihres Countys, und die Master Gardeners dort produzieren in ihren Demo-Gärten jede Menge Überschüsse. Vor dem Betrieb steht ein hübscher kleiner Stand, an dem kostenlos Gemüse und Blumen abgegeben werden; ein Schild lädt die Anwohner dazu ein, sich zu bedienen. Den ganzen Sommer über sind die Auslagen dort voller frischer, bunter Lebensmittel. Als nun nach dem ersten Frost alle Kartoffeln geklaubt, die Eichelkürbisse eingefahren und sogar der robusteste

Grünkohl abgeerntet war, standen da nur noch die leeren Regale mit dem einladenden Schild. Alles war verteilt, am nächsten Tag sollte der Stand für den Winter in die Scheune geräumt werden. Doch staunend stellte das Team am nächsten Morgen bei Betriebsöffnung fest, dass er verschwunden war! Jemand hatte sich den ganzen Stand unter den Nagel gerissen. Wohlmeinend wie immer verbuchten die Mitarbeitenden das aber lieber als großzügige Textauslegung und nicht als Diebstahl – schließlich stand auf dem Schild »Gemüsestand zum Mitnehmen«!

Genau da liegt freilich der Schwachpunkt von Schenkökonomien – sie funktionieren nicht, wenn Quertreiber das gegenseitige Vertrauen missbrauchen. Diese kleine Schenkökonomie scheiterte, weil zu viel genommen wurde, weil die Regeln des Teilens nicht eingehalten wurden.

Dass Gemeingut in private Ware umgewandelt, also kommodifiziert wird, lässt sich zum Teil mit der »Tragik der Allmende« begründen. Nach dieser von Garett Hardin vorgestellten

Theorie werden Ressourcen, die der Gemeinheit zur Verfügung stehen – zum Beispiel die Allmende, eine Landfläche, auf der alle Bauern umsonst ihre Tiere weiden lassen dürfen –, durch das konkurrierende Eigeninteresse der Nutzer unvermeidlich zerstört. In dieser Theorie verhalten sich die Beteiligten streng nach dem Eigeninteresse des »rationalen Agenten«. Irgendjemand, so die Theorie, wird immer das Land überweiden oder das Wasser verschmutzen: Durch den allgegenwärtigen Egoismus wird die Weide am Ende für alle nutzlos. Daher, so die Schlussfolgerung, sollte Land in Privat- statt in Allgemeinbesitz sein, ein gemeinsamer Quell für Überfluss also in Privateigentum umgewandelt werden – nur so könne man dieser Tragik entgehen.

Diese schlagkräftige Theorie wurde als Rechtfertigung dafür herangezogen, alles zur Ware zu machen, was einst als gemeinsam genutztes Geschenk verstanden wurde. Was aber, wenn sie gar nicht zutrifft? Wenn es noch eine ganz andere Geschichte gibt, eine, die die Privatisierungsfreunde auszurotten versuchten?

In ihrer bahnbrechenden Arbeit wies die Politikwissenschaftlerin Elinor Ostrom nach, dass solche Ressourcen als gemeinschaftliches Eigentum ohne staatliche Interventionen oder marktwirtschaftliche Regulierungen erfolgreich verwaltet werden können. Entgegen der lang geltenden Theorie zeigte sie, dass kollektives Handeln, Vertrauen und Kooperation Land *und* Menschen nützen können, ohne dass gemeinschaftliche Ressourcen geschädigt werden. Theorie und Praxis konvergieren zu dem Verständnis, dass Marktwirtschaften nicht der einzige Weg zum Gemeinwohl sind. Für dieses couragierte Aufbegehren gegen die vorherrschende ökonomische Lehrmeinung wurde Elinor Ostrom 2009 mit dem Wirtschaftsnobelpreis ausgezeichnet. Solche Wirtschaftswissenschaften gefallen auch einer Botanikerin!

Elinor Ostroms Erkenntnisse beruhen auf ihrer sorgfältigen Beobachtung von Systemen der Landnutzung in Gemeinschaften, die von den Kolonisatoren abfällig als primitiv bezeichnet wurden, weil sie die Akkumulation von Privatbesitz scheinbar weder wertschätzten, noch praktizierten. Über weite Strecken der Menschheitsgeschichte existierten vor dem Aufkommen des Kapitalismus Systeme, in denen die Menschen das Land als gemeinsamen Quell von Überfluss betrachteten, zu dem alle Zugang hatten, um ihre Bedürfnisse zu befriedigen. Allerdings gab es keinen Freibrief für ungebremsten Konsum, es gab Regeln und gegenseitige Verpflichtungen auf verschiedenen Ebenen vom individuellen Verhalten bis hin zu internationalen Verträgen.

In meinen Homelands, in der üppig bewaldeten Region der Großen Seen zum Beispiel stellten die indigenen Volksgruppen für das gemeinsam genutzte Land verbindliche Grundsätze für das auf, was wir heute als Ressourcenmanagement bezeichnen würden. Lange vor der Ankunft der Siedler schlossen die Haudenosaunee Confederacy in den Gebieten, die heute New York State heißen, sowie die Anishinaabe Nations an den Großen Seen das sogenannte »Teller-mit-Einem-Löffel-Abkommen« (*Dish with One Spoon Treaty*) ab. Dieser Vertrag verankerte die übereinstimmende

Auffassung, dass das Land, das unseren beiden Völkern als Jagdgrund dient und uns mit allen möglichen Erträgen versorgt, als ein einziger Teller zu betrachten ist, den Mutter Erde mit allem befüllt hat, was wir zum Leben brauchen. Es ist ein Geschenk, und das wird geteilt. In diesem Abkommen gibt es viele Völker, aber nur *einen* Löffel, nicht etwa einen großen für die einen und einen kleinen für die anderen. Es ist ein Abkommen über geschwisterliches Teilen und gemeinsame Verantwortung für eine umsichtige Nutzung.

Auch für die individuelle Landnutzung gibt es in vielen indigenen Kulturen Vorschriften. Diese uralten Leitlinien, die unter dem Schlagwort Ehrenhafte Ernte (*Honorable Harvest*) zusammengefasst werden, verbieten zügellosen Konsum, damit der Teller tatsächlich voll bleibt. Es heißt, diese Regeln seien selbst das Ergebnis urzeitlicher Verhandlungen zwischen dem Menschenvolk und dem Hirschvolk, dem Bärenvolk, dem Fischvolk und dem Pflanzenvolk, in denen unsere nicht-menschlichen Verwandten übereinkamen, das Geschenk ihres Lebens zu teilen und für den Lebensunterhalt der Menschen zu sorgen. Im Gegenzug verpflichtete sich das Menschenvolk zu Regeln von Zurückhaltung, Respekt und Reziprozität.

Ich vermute, dass diese Prinzipien auch darauf zurückzuführen sind, dass einst Fehler begangen wurden und die ökologischen Folgen zu tragen waren. Ob wir das wohl jemals wieder lernen werden?

Denken wir uns die Erde als großes Kaufhaus voller Waren, voller Gegenstände, beanspruchen wir eine Art Privileg zum Konsum, weil wir davon ausgehen, dass die Dinge uns gehören. In dieser Vorstellung von Eigentum kommt es auf die Form des Konsums eigentlich nicht an, denn es geht ja nur um irgendwelches Zeug, das ohnehin uns gehört. Der Konsum kennt keine moralischen Grenzen. Und damit erleben wir heute eine Zeit der ökologischen und spirituellen Erschöpfung.

Betrachten wir aber das Land als Geschenk und die Schenkenden als Persönlichkeiten und nicht als Dinge, stehen Konsumenten vor einem moralischen Dilemma. Wir Menschen müssen konsumieren, denn als Tiere fehlt uns die Gabe zur Photosynthese. Doch unser maßloser Überkonsum hat uns an den Rand einer Katastrophe gebracht. Wie wäre es also, wenn wir als Konsumenten immer im Blick hätten, dass wir Empfänger von Erdengaben sind, die wir uns nicht verdient haben? Wenn wir in Demut konsumieren würden? Wir sollen ehrenhaft ernten, das heißt mit Zurückhaltung, Respekt, Ehrfurcht und Reziprozität.

Die Vorgaben der Ehrenhaften Ernte werden eigentlich nicht niedergeschrieben, sondern in kleinen Alltagsgesten verstärkt. Doch wenn ich sie auflisten sollte, käme dabei in etwa das hier heraus:

Wisse um die Lebensweise derer, die für
dich sorgen, damit du auch für sie
sorgen kannst.

Stell dich vor. Mach dir klar, dass du
derjenige bist, der um Leben bittet.

Bitte um Erlaubnis, bevor du nimmst. Hör auf die Antwort.

Nimm nie das Erste. Nimm nie das Letzte.

Nimm nur, was du brauchst.

Nimm nur, was dir geschenkt wird.

Nimm nie mehr als die Hälfte. Lass etwas für die anderen übrig.

Ernte so, dass du möglichst wenig Schaden anrichtest.

Nutze alles respektvoll. Verschwende nie, was du genommen hast.

Teile.

Danke für das, was dir geschenkt wurde.

Hinterlasse ein Gegengeschenk für das, was du genommen hast.

Erhalte die, die dich erhalten, und die Erde wird für immer bleiben.

ALS PFLANZENÖKOLOGIN HABE ich mein Leben lang die Pflanzen zu allen möglichen Problemen um Rat gefragt; und so fragte ich mich nun, was die Felsenbirnen zu den Systemen sagen, die Güter und Dienstleistungen herstellen und verteilen. Wie sieht ihr Wirtschaftssystem aus? Wie gehen sie mit den Fragen von Überfluss und Knappheit um? Hat ihr Evolutionsprozess sie zu Hamsterern oder zu großen Teilenden gemacht?

Die lebende Welt zu beobachten und sich davon für die eigene, menschliche Lebensweise inspirieren zu lassen ist ein wesentliches Element der indigenen Weisheit. Das umfasst die Auffassung, dass es andere Intelligenzen gibt als unsere und dass wir davon lernen können. Heute findet dieser uralte Modus des Wissenserwerbs Ausdruck in der noch jungen Wissenschaft der Biomimikry. Janine Benyus und andere Vordenker stellen revolutionäre Überlegungen darüber an, wie unsere Ökonomie und unsere gesellschaftlichen Institutionen sich so umgestalten lassen, dass sie im Einklang mit natürlichen Prinzipien stehen und nicht im Gegensatz zu ihnen.

Fragen wir also die Felsenbirnen. Die drei Meter hohen Bäume sind in dieser Ökonomie die Produzenten. Ausgehend von den gratis zur Verfügung stehenden Rohstoffen Licht, Wasser und Luft wandeln sie diese Geschenke um in Blätter, Blüten und Früchte. Einen Teil der Energie lagern sie als Zucker ein und bauen ihre eigenen Körper, ein großer Teil aber wird weitergereicht. Anteile des Überflusses an Frühlingsregen und -sonne nehmen Blütenform an, und die bieten im nasskalten Wetter den Insekten ein Festmahl. Diese Großzügigkeit geben die Insekten zurück, indem sie Pollen transportieren. Nahrung ist für Felsenbirnen selten knapp, Mobilität dagegen ist definitiv begrenzt. Die Bestäuber bringen das Geschenk der Beweglichkeit ein, während für sie wiederum die Energie knapp ist, die sie für ihr Herumsummen brauchen. Bäume und Insekten begründen also eine Tauschbeziehung zum beidseitigen Nutzen.

Wenn im Sommer die Äste überladen sind, produzieren Felsenbirnen große Mengen an Zucker. Horten sie diese Energie für sich selbst? Nein, sie laden die Vögel zum Festmahl ein. Kommt, ihr lieben Verwandten, schlagt euch die Bäuche voll, sagen die Felsenbirnen. Sie lagern gleichsam ihr Fleisch im Bauch ihrer Brüder und Schwestern, den Hähern, Spott- und Wanderdrosseln.

Ist das etwa keine Ökonomie? Ein System der Verteilung von Gütern und Dienstleistungen, das den Bedürfnissen der Gemeinschaft dient. Die Währung in diesem Wirtschaftssystem sind die Energie, die durch sie fließt, und die Substanzen, die zwischen Produzenten und Konsumenten zirkulieren. Es ist ein Umverteilungssystem für Reichtum, ein Austausch von Gütern und Dienstleistungen. Alle Mitglieder haben irgendetwas im Überfluss, und das bieten sie den anderen an. Der Überfluss an Früchten geht an die Vögel – denn welchen Nutzen bringen die Früchte dem Baum, wenn nicht den, Beziehungen zu den Vögeln aufzubauen?

Der Verzehr zu vieler Felsenbirnen wirkt sich bei Vögeln genauso aus wie beim Menschen. Die Zaunpfosten sind mit pinken Flecken übersät. Und genau darum geht es natürlich den Früchten – sich selbst zu einem so reichlichen wie unwiderstehlichen Angebot zu machen, dass Vögel sich zu einem Festmahl locken lassen, genau wie wir heute Abend, um dann die Samen großflächig zu verteilen. Und der Festschmaus leistet noch etwas anderes. Beim Durchqueren eines Vogeldarms werden die Samen zum Keimen stimuliert. Die Vögel erweisen den Felsenbirnen einen Dienst, und die revanchieren sich ihrerseits mit einer

Dienstleistung. Auch zwischen Insekten, Mikroben und dem Wurzelsystem knüpfen die Beziehungen, die aus Geschenken erwachsen, ein unendlich verzweigtes Beziehungsnetz. Mit jeder Gabe wird das Geschenk vermehrt, bis es so reichlich und süß zurückkommt, dass es sogar noch weitersprudelt, wie das Vogelkonzert, das mich am Morgen weckt. Wäre der Überfluss gebunkert worden, würden Felsenbirnen nur für ihren eigenen Nutzen arbeiten, so wäre das eine erhebliche Beeinträchtigung für den Wald.

Das bringt mich noch einmal zurück zu dem gestohlenen Gemüsestand. Wir hatten die Sache lachend als Missverständnis mit unwesentlichen Folgen abgehakt. Doch die Einstellung, dass jemand meint, man dürfe ein kostenloses Geschenk einfach in Privateigentum umwandeln, also die Gemeinschaft zugunsten von individuellem Profit bestehlen, ist in Wirklichkeit äußerst folgenreich. Geben wir unserem kleinen Gauner einen Namen, nennen wir ihn Darren nach dem CEO von Exxon-Mobil. Häufig schieben wir die Schuld für die

Folgen des Halsabschneider-Kapitalismus dem »System« zu. Natürlich ist da etwas dran, wenn man bedenkt, wie komplex und vielschichtig die Interaktionen darin sind; eine Entschuldigung ist es aber nicht. Schließlich wird das »System« von Individuen getragen, und zwar von einer relativ kleinen Anzahl von Menschen, die alle Namen haben und wahrscheinlich mehr Geld als Gott, aber bestimmt weniger Mitgefühl. Sie sitzen in Konferenzsälen und beschließen, fossile Treibstoffe zu fördern, um kurzfristige Gewinne zu machen, während gleichzeitig die Welt verbrennt. Sie kennen die naturwissenschaftlichen Zusammenhänge, sie kennen die Folgen, aber sie ziehen ihren Ökozid weiter durch und tun es trotzdem. Für mich zeugt ihr Verhalten von ein und derselben Anmaßung: Darren der Gemüsestanddieb oder Darren der Weltzerstörer. Beides sind Diebe, sie stehlen uns unsere Zukunft, während wir unsere Zucchinis herumreichen.

Ich will die Bedeutung unserer niedlichen Schenkökonomien nicht kleinreden. Im Ge-

genteil, sie sind Aushängeschilder des reichlichen Überflusses, den die Erde uns gibt, und gleichzeitig halten sie lebendig, was man früher gute Nachbarschaft nannte. Wir sind so viel mehr als die Darrens, und die sogenannte Macht ist da sehr asymmetrisch verteilt.

Ich bedaure meine eigene Verstrickung in eine Ökonomie, die das Schöne und Einzigartige zu Geld zerschreddert, Geschenke zu Waren macht mit einer Währung, mit der wir Dinge kaufen können, die wir eigentlich gar nicht brauchen, und dabei zerstören, was wir tun.

Die Felsenbirne führt uns ein anderes Modell vor, das auf Gegenseitigkeit beruht und nicht auf Anhäufung, in dem Reichtum und Sicherheit sich aus der Stärke unserer Beziehungen ergeben und nicht aus einer Illusion der Autarkie. Ohne Schenkbeziehungen mit Bienen und Vögeln würden Felsenbirnen von der Erde verschwinden. Selbst wenn sie ihren Überfluss horten würden und auf der Reichtumsleiter ganz oben säßen, könnten sie sich nicht vor dem Schicksal des endgültigen Aussterbens retten, wenn ihre Partner an diesem Überfluss nicht teilhaben könnten. Auch uns wird das Horten nicht retten. Es wird nicht einmal Darren retten. Alles Gedeihen beruht auf Gegenseitigkeit.

Während ich zusehe, wie die Wanderdrosseln und Zedernseidenschwänze sich die Bäuche vollschlagen, habe ich eine Schenkökonomie vor Augen, in der der Überfluss »im Bauch meines Bruders« gelagert wird. Der Schutz einer gesunden Vogelpopulation ist unverzichtbar für das Wohlergehen der Felsenbirne und aller weiteren Lebewesen in der Nahrungskette. Besonders wichtig ist das wohl für ein immobiles, langlebiges Lebewesen wie einen Baum, der vor abgerissenen Beziehungen nicht davonlaufen kann. Gedeihen ist nur möglich, wenn es nachhaltig starke Bindungen mit der Gemeinschaft gibt.

Dieses Tauschsystem wirkt auf mich wie eine Ökonomie; aber ich bin Pflanzenökologin. Ich bin neugierig, ob auch eine Wirtschaftswissenschaftlerin wie Valerie in der Verteilung von Gütern und Dienstleistungen durch die Felsenbirne eine Schenkökonomie sieht. Ich möchte wissen, ob man zwischen natürlichen und ökonomischen Systemen eine Analogie herstellen kann. Könnten wir eine Art ökonomische Biomimikry betreiben und ein Tauschsystem entwerfen, das dem Menschenvolk und dem nicht-menschlichen Volk zugleich nützt?

»Ja!«, erwidert Valerie wie aus der Pistole geschossen. »Natürlich kann man zwischen natürlichen und ökonomischen Systemen eine Analogie herstellen.« Wieder stoßen wir hier auf die Biomimikry.

Der Entwurf menschlicher Ökonomien nach dem Vorbild ökologischer Systeme ist das Reich von Experten der Ökologischen Ökonomie, wie Valerie eine ist. Zu unterscheiden ist die Ökologische übrigens von der Umweltökonomie, bei der es um Kosten und Kompromisse in der Frage geht, ob Ökosysteme zerstört oder restauriert werden sollen. Die Ökologische Ökonomie dagegen sucht Antworten auf die Frage, wie wir Wirtschaftssysteme gestalten können, die die Bedürfnisse der Bürger befriedigen und gleichzeitig ökologischen Prinzipien folgen, die für Mensch und Planet nachhaltig sind. Valerie meint dazu: »Die Ökologische Ökonomie ist aus der Beobachtung entstanden, dass der neoklassische Wirtschaftsansatz bei der Versorgung aller scheitert und nicht ausreichend die Ökosysteme berücksichtigt, die unsere Lebensgrundlage darstellen. Wir haben ein System erschaffen, in dem wir uns in erster Linie als Konsumenten identifizieren und erst danach als Teil eines Ökosystems. In der Ökologischen Ökonomie geht es vor allem um den Entwurf einer Wirtschaft, die eine gerechte, nachhaltige Zukunft sichert, in der sowohl menschliches als auch nicht-menschliches Leben gedeihen kann.«

Und was können wir dabei von Felsenbirnen lernen? »Felsenbirnen sind ein Modell für Interdependenz und Koevolution, zwei Kernbegriffe der Ökologischen Ökonomie. Felsenbirnen zeigen uns ein anderes Verständnis von Beziehung und Austausch. Am Modell der Felsenbirnen-Ökonomie können wir den Wert von Dankbarkeit und Reziprozität als unverzichtbare Grundlage einer Ökonomie ablesen.« Gegenseitigkeit also – und nicht Knappheit.

Als Anhängerin einer traditionellen Dankbarkeitskultur mit einem Eimer voller Früchte in der Hand gestehe ich, dass es einen Punkt in der menschlichen Ökonomie gibt, den ich nie richtig begriffen habe: nämlich den Primat der Knappheit als Organisationsprinzip.

Als Schülerin der Pflanzenschule mit vom Felsenbirnensaft befleckten Fingern bin ich nicht bereit, der Knappheit einfach so das Feld zu überlassen. Schenkökonomien beruhen auf einem Verständnis des von der Erde generierten Überflusses und der Dankbarkeit, die er erzeugt. Ökonomien der Gegenseitigkeit sind getragen von der Idee des Überflusses – es ist genug da, wenn wir teilen.

Valerie merkt an, dass selbst Ökologen inzwischen die Annahme infrage stellen, die Hauptantriebskraft der Evolution sei intensiver Wettbewerb. Der Evolutionsbiologe David Sloan Wilson verweist darauf, dass Konkurrenz nur dann sinnvoll ist, wenn man als Maßeinheit der Evolution das Individuum ansieht.

Verschiebt sich aber der Fokus auf die Gruppe, wird Kooperation das bessere Modell, und das nicht nur um zu überleben, sondern auch um zu gedeihen. In einem Interview erklärte kürzlich der Autor Richard Powers: »Auf jeder Ebene des Lebens gibt es Symbiose, und man kann nicht in einem Nullsummenspiel mit Geschöpfen konkurrieren, von denen die eigene Existenz abhängt.«

Die Felsenbirnen haben das schon vor sehr langer Zeit begriffen, und wir Menschen müssen endlich nachziehen. Und doch betreiben wir unsere Wirtschaft weiter auf der Grundlage des Wettbewerbs.

Es steht außer Frage, dass alle Lebewesen irgendwann irgendwo eine gewisse Knappheit erfahren und dass es daher zu Konkurrenz um begrenzte Ressourcen wie Licht oder Wasser oder Bodenstickstoff kommt. Doch da Konkurrenz die Belastbarkeit aller Betroffenen senkt, begünstigt die natürliche Selektion diejenigen, die Konkurrenz vermeiden. Häufig gelingt dies, indem die eigenen Bedürfnisse von der knappen Ressource weg verlagert werden, als würde die Evolution uns raten: »Wenn es nicht genug von dem gibt, was du begehrst, begehr etwas anderes.« Diese Spezialisierung zur Vermeidung von Knappheit hat zu der unglaublichen Vielfalt der Biodiversität geführt, weil alle durch Differenzierung der Konkurrenz ausweichen. Vielfalt der Lebensformen ist ein Gegengift gegen knappheitsbedingten Wettbewerb.

Einige Evolutionsbiologen würden diesen Ansatz wohl ablehnen und die Lebensweise der Felsenbirne eher als Maximierung des Eigeninteresses durch natürliche Selektion beschreiben – dasselbe Argument, das auch Marktwirtschaftler anbringen: Maximierung des Eigeninteresses im ökonomischen Handeln über Konkurrenz um knappe Ressourcen. Wettbewerb zwischen Individuen galt lange als Triebkraft sowohl der Ökologie als auch der Ökonomie. Naturwissenschaft, Politik und Wirtschaft haben sich einträchtig Metaphern aus der Natur zu eigen gemacht, die gesellschaftliche Verhältnisse wie ökologische Realitäten beschreiben. Allerdings wird das in letzter Zeit zunehmend infrage gestellt, und in den Naturwissenschaften mehren sich die Erkenntnisse, dass Mutualismus und Kooperation in der Evolution ebenfalls eine entscheidende Rolle spielen und ökologisches Wohlbefinden stärken, und das vor allem in sich verändernden Umwelten. Uneigennütziger, reziproker Austausch schafft durch Teilen Überfluss für beide Partner.

Die Felsenbirnen sind nicht nur oberirdisch mit Partnern für Bestäubung und Verteilung vernetzt, sondern auch unterirdisch in Netzen von Mykorrhizapilzen und anderen mikrobiologischen Gemeinschaften, die untereinander Ressourcen austauschen. Vielleicht war unser Blick durch die Tragik der Allmende verzerrt; jedenfalls ging man immer davon aus, dass diese Pilze den Bäumen Nährstoffe »stehlen« – doch je genauer wir hinsehen, desto wahrscheinlicher scheint es, dass sie sie in einem Netzwerk der Reziprozität freiwillig zur Verfügung gestellt bekommen.

Was also, wenn Knappheit lediglich ein kulturelles Konstrukt ist, eine Erfindung, die uns von einer besseren Lebensweise abschreckt? Wenn ich die Felsenbirnen-Ökonomie studiere, sehe ich keine Knappheit, sondern gemeinsamen Überfluss: Das Angebot an Photosyntheseprodukten ist üblicherweise nicht zu knapp, weil Sonne und Luft dauerhaft erneuerbare Rohstoffe sind. Natürlich gibt es manchmal zu wenig Regen, und dann frisst sich die Knappheit unweigerlich durch das Beziehungsnetz. Genau das ist wirkliche Knappheit: ausbleibender Regen. Eine materielle Begrenztheit mit Auswirkungen auf alle, genau wie Überfluss für alle da ist. Aber diese Knappheit als Folge natürlicher Fluktuation ist nicht das, was mich verwirrt.

Was ich nicht hinnehmen kann, ist künstliche Knappheit. Damit kapitalistische Marktwirtschaften funktionieren können, muss Knappheit herrschen, und das System ist so angelegt, dass Knappheit entsteht, wo sie nicht ohnehin existiert. Da ich mir seit meiner Jahrzehnte zurückliegenden Schulzeit nicht besonders viele Gedanken über Ökonomie gemacht habe, wird mir erst jetzt klar, dass ich das Prinzip der Knappheit einfach akzeptiert habe, als wäre es eine naturgegebene Tatsache.

Ich will einmal versuchen, es mir selbst zu erklären und zu denken wie ein Ökonom statt wie eine Ökologin. Damit Geld verdient werden kann, muss es Waren geben, die gekauft und verkauft werden. Je knapper diese Waren sind, desto teurer werden sie, und desto größer fällt der Profit aus. Ich schließe daraus: Marktwirtschaft erfordert, dass reichlich vorhandene, frei verfügbare Erdengaben kommodifiziert und über Privatisierung und hohe Preise verknappt werden. Das hört sich so verrückt an, dass ich dieses Verständnis am Beispiel von schönem, klarem Wasser, einer Gabe des Himmels, testen will. Früher war es unvorstellbar, dass man für Trinkwasser bezahlen sollte; doch da leichtsinnige ökonomische Expansion Wasser verschmutzt, spornen wir heute zur Privatisierung von Quellen und Wasserläufen an. Trinkwasser, ein kostenloses Geschenk der Erde, wird von anonymen Unternehmen in Beschlag genommen, die es in Plastikflaschen abfüllen und verkaufen. Und jetzt können viele sich etwas nicht mehr leisten, was früher umsonst war, und wir schaffen sogar Anreize zur Verschmutzung des öffentlichen Wassers, um eine Nachfrage nach dem privatisierten Wasser zu schaffen. Was nämlich bringt die Menschen überzeugender dazu, einem Unternehmen Wasser in Flaschen abzukaufen, als wenn aus dem Wasserhahn verunreinigtes Wasser kommt?

In indigenen Gesellschaften weltweit, in denen noch Reste von Schenkökonomien vorhanden sind, gilt Wasser dagegen als heilig, und die Menschen tragen moralische Verantwortung dafür, es zu bewahren und weiter fließen zu lassen. Wasser ist ein Geschenk für alle, und die Vorstellung, Wasser zu besitzen, ist eine ökologische und ethische Absurdität. Lewis Hyde schreibt: »Einem Geschenk einen Marktwert zuzuschreiben, zerstört das Geschenk.«

Dass wir so dauerhaft an einer Wirtschaft festhalten, die auf Wettbewerb um künstliche Knappheit beruht statt auf Kooperation auf der Grundlage natürlichen Überflusses, sorgt inzwischen dafür, dass wir Gefahr laufen, echte Knappheit zu erzeugen, wie sie am zunehmenden Mangel an Nahrung und Trinkwasser, frischer Atemluft und fruchtbarem Boden sichtbar wird. Der Klimawandel, ein Produkt dieser Extraktionsökonomie, zwingt uns, uns den unvermeidlichen Folgen unserer konsumorientierten Lebensweise zu stellen: echte Knappheit, gegen die der Markt kein Heilmittel hat.

Die indigene Philosophie der Schenkökonomie, die auf unserer Verantwortung beruht, diese Gaben weiterzureichen, kennt keine Toleranz für die Schaffung künstlicher Knappheit durch Horten. Der »Bösewicht« in der Potawatomi-Kultur ist Windigo, der an der Krankheit leidet, zu viel zu nehmen und zu wenig zu teilen. Als Kannibale mit unstillbarem Hunger frisst er sich durch die Welt. Das Windigo-Denken bedroht das Überleben der Gemeinschaft durch den Ansporn zur individuellen Anhäufung weit über das »Genug« hinaus. Wir brauchen einen Namen für die heutigen Windigos, die das Leben kannibalisieren, um möglichst viel Geld anzuhäufen. Vielleicht würde »Darren« es ganz gut treffen.

MIT DER GEFAHR tatsächlicher Knappheit konfrontiert uns der ungezügelte Kapitalismus. Ausbeutung und Konsum übersteigen die Fähigkeit der Erde aufzufüllen, was wir entnommen haben. Eine Ökonomie, die auf der Unmöglichkeit ständigen Wachstums beruht, führt uns in geradezu alptraumhafte Szenarien. Ich schüttele mich, wenn ich in den Wirtschaftsnachrichten höre, dass das Wachstum endlich wieder Fahrt aufnimmt, als wäre das ein Grund zur Freude. Womöglich ist es gut für die Darrens und für kurzfristiges Denken, aber für alle anderen ist es eine Sackgasse – ein Motor des Artensterbens.

Als ich während der Arbeit an diesem Essay gerade händeringend nach einer Idee suchte, wie das Modell der Felsenbirne und der alten Schenkökonomie uns einen Weg aus den kollektiv verschuldeten Zerstörungen des ungezügelten Kapitalismus weisen könnte, brauchte ich dringend eine Pause von den Windigo-Geistern, die bedrohlich auf mich zukrochen. Zum Glück riss mich eine Textnachricht meiner Nachbarin Paulie aus dieser trüben Stimmung. Als könnte sie über das Tal hinweg meine Verunsicherung spüren, lud Paulie mich ein, auf ihrem Hof Felsenbirnen zu pflücken. Umsonst. Das Kribbeln dieser Synergie katapultierte mich in einem Schwung von meinem Schreibtisch hinüber in den Obstgarten.

Paulie und Ed Drexler betreiben die Springside Farm auf der gegenüberliegenden Talseite meines Hauses. Ich kann von hier aus die Reihen mit Weihnachtsbäumen sehen, den Mais und das Kürbisfeld. Als sie diesen Garten anlegten, dachten sie ans Verkaufen der landwirtschaftlichen Erzeugnisse, sie wollten ihr Einkommen zum Teil aus diesem kleinen lokalen Landwirtschaftsbetrieb bestreiten; für die Ernte dachten sie an das innovative Prinzip der »Selbsternte«, das finanziell recht einträglich sein kann. Schließlich lud Paulie aber ihre Nachbarn ein, umsonst zu pflücken. Ihre Arbeit und die Betriebskosten aber sind nicht umsonst: Bodenbearbeitung, Bewässerung und Marketing kosten bares Geld. Die Bäume kosten Geld, und der Diesel, wenn Ed zwischen den Reihen mäht – und auch die Felsenbirnen bezahlen nicht für ihren Platz.

Paulie verlor also ihre Rendite, wenn sie uns einlud, unsere Eimer mit diesem Übermaß an Süße zu füllen. Sie folgte nicht den Regeln der kapitalistischen Marktwirtschaft; sie verhielt sich nicht in einer Weise, die ihr die Maximierung ihres Profits versprach. Wie unamerikanisch.

Mit einem Mausklick waren ihre Felsenbirnen aus der Spalte Waren einer Excel-Tabelle in die mit einer Schleife geschmückte Kiste namens »Geschenk« gewandert. Die Früchte selbst hatten sich dadurch kein bisschen verändert: Sie waren immer noch saftig und prallvoll mit Antioxidantien. Auch der Betrieb hatte sich nicht verändert. Es ist ein kleines Familienunternehmen mit ganz unterschiedlichen Produkten, die das ganze Jahr über für Einkommen sorgen – von Lämmern im beginnenden Frühling bis hin zu Weihnachtsbäumen. Das Einzige, was sich veränderte, war, dass die Leute, die zum Obstpflücken kamen, ein paar grün bedruckte Scheine in die Kaffeedose hinter der Scheunentür stecken würden.

Ich fragte sie, warum sie das tat, zumal in diesen Tagen der Pandemie, als alle Kleinunternehmen schwer um ihre Existenz ringen mussten. »Na ja«, sagte sie, »es sind so viele. Mehr als genug zum Teilen, und eine kleine Aufmunterung können die Leute im Moment wirklich gebrauchen.« Die Pflücker kamen in der frühabendlichen Kühle, mit dem gebotenen Abstand an den jeweils entgegengesetzten Enden der Reihen, räumlich distanziert, aber doch verbunden, weil ihre Finger im selben Takt vom Busch zum Eimer – und zu ihrem Mund wanderten. »Alle sind gerade so deprimiert«, meinte Paulie, »aber hier auf der Obstwiese höre ich nur fröhliche Stimmen. Es ist ein gutes Gefühl, dieses bisschen Freude zu verschenken.«

Gleichzeitig denkt sie auch pädagogisch, sagt sie. Die meisten Menschen kennen Felsenbirnen gar nicht, und sie zu verschenken ist eine Einladung, sie zu kosten. Jetzt werden sie zu Kuchen und Marmelade verarbeitet und wandern reichlich in die Münder, sie sind ein willkommenes Geschenk der Erde, aber als marktwirtschaftliches Produkt sind sie wenig bekannt. Paulie sagt, sie will ganz einfach die Leute dazu bringen, Felsenbirnen zum ersten Mal in den Mund zu stecken – den Rest erledigen die Früchte selbst.

Paulie gilt als zupackend und pragmatisch, weshalb sie ihre Erklärung auch gleich selbst einordnet: »Das ist aber kein wirklicher Altruismus. Eine Investition in die Gemeinschaft zahlt sich immer irgendwie aus. Vielleicht kommen die Leute, die jetzt Felsenbirnen pflücken, irgendwann für Sonnenblumen wieder und dann für die Blaubeeren. Natürlich ist es ein Geschenk, aber gleichzeitig ist es auch Werbung. Das Geschenk baut Beziehungen auf, und das ist immer gut. Das ist unser eigentliches Produkt hier – Beziehungen, untereinander und mit dem Hof.« Die Währung »Beziehung« kann sich später in Form von Geld niederschlagen, schließlich müssen Paulie und Ed ihre Rechnungen trotz allem bezahlen. Kostenlose Felsenbirnen bewirken vielleicht einen besseren Kürbisverkauf, weil die Leute gerne an einen Ort wiederkommen, zu dem sie eine Beziehung haben. »Die Leute haben das Gefühl, sie bekommen mehr als das, wofür sie bezahlen«, erklärt Paulie. »Sie haben etwas Neues kennengelernt, oder sie haben zugeschaut, wie die Kinder auf den Heuballen herumgeklettert sind.« Ein gutes Gefühl ist der eigentliche Mehrwert. Selbst wenn für eine Ware bezahlt wird, bleibt das Geschenk der Beziehung damit verbunden.

Die fortlaufende Reziprozität beim Schenken erstreckt sich aber über den nächsten Kunden hinaus über ein ganzes Netz von Beziehungen, die selbst kein Zahlungsmittel sind.

Sie sind ein Guthaben an gutem Willen, sogenanntes soziales Kapital. »Als Mitbürger bekannt zu sein ist immer etwas wert«, erklärt sie mir. Wenn jemand ein Gatter offen lässt und ihre Schafe plötzlich in meinem Garten stehen, ist da ein Polster des Wohlwollens, das vielleicht bewirkt, dass die weggemampften Dahlien verziehen werden. »Für mich steht fest: Menschen sind immer mehr wert als Dinge. Bauern haben diesen alten Spruch: ›Ohne Bauern wärt ihr nackt, hungrig und nüchtern.‹ Aber das gilt in beide Richtungen: Ohne gute Nachbarn wäre man obendrein einsam, und das ist noch schlimmer.«

Und die Kunden, die bei ihrem Besuch den Duft der reifen Felsenbirnen und den Anblick der Lämmer auf der Weide genossen haben und sich erinnern, wie ihre Kinder auf den Heuballen herumgeklettert sind – die werden bei der nächsten Wahl vielleicht für das Programm zur Erhaltung der landwirtschaftlichen Flächen stimmen. Und das wäre als Rendite für einen Eimer kostenlose Felsenbirnen nicht zu verachten.

Der Begriff der Schenkökonomie ist mir lieb und teuer; vielleicht werden wir uns ja abwenden von der zermürbenden Marktwirtschaft, die alles zur Ware degradiert und die meisten von uns leer ausgehen lässt an dem, was wir wirklich wollen: Beziehungen, Sinnhaftigkeit, Schönheit und Bedeutung, alles Dinge, die sich nie kommodifizieren lassen. Ich will Teil eines Systems sein, in dem Reichtum bedeutet, dass man genug zum Teilen hat, und in dem das gute Gefühl, die Bedürfnisse der eigenen Familie zu befriedigen, nicht dadurch vergiftet wird, dass das einem anderen dieselbe Möglichkeit verwehrt. Ich will in einer Gesellschaft leben, in der unsere Tauschwährung in Dankbarkeit besteht und in der unendlich erneuerbaren Ressource Herzlichkeit, die sich bei Gebrauch nicht etwa abnutzt, sondern bei jedem Teilen größer wird.

Wenn Anthropologen Schenkökonomien untersuchen, stellen sie fest, dass sie in kleinen, eng verwobenen Gemeinschaften gut funktionieren. Zugegeben, wir leben nicht mehr in kleinen Inselgesellschaften, wo Freigebigkeit und gegenseitige Wertschätzung unsere Beziehungen strukturieren. Und doch könnten wir. Es steht in unserer Macht, parallel zur Marktwirtschaft solche Netze der gegenseitigen Verwobenheit zu knüpfen. Vielleicht können wir so zu einer kannibalistischen Ökonomie auf Distanz gehen. Gemeinschaften, die bewusst auf der Grundlage gegenseitiger Selbstständigkeit und Reziprozität aufbauen, sind die Bewegung der Zukunft; und ihre Währung ist das Teilen. Die Tendenz zur regionalen Lebensmittelwirtschaft stützt sich nicht nur auf Frische, kurze Lieferwege, CO_2-Bilanzen und Bioqualität. Das spielt alles eine Rolle, aber genauso geht es um den zutiefst menschlichen Wunsch nach Bindung, nach Anerkennung, nach einer Gegenseitigkeit im Geben und Nehmen der Geschenke.

Die menschlichen Bedürfnisse, die durch solche Wirtschaftsformen bedient werden, sind in Wirklichkeit genau das, wonach wir uns sehnen, was wir aber nie werden kaufen können: Wertschätzung für unsere eigenen, ganz besonderen Geschenke, nachbarliche

Achtung für die Qualität deines Charakters und nicht für die Quantität deines Besitzes; für das, was wir geben, nicht, was wir haben.

Ich glaube nicht, dass die kapitalistische Marktwirtschaft verschwinden wird; dazu sind die namenlosen Institutionen, die davon profitieren, zu fest etabliert. Die Diebe sind sehr mächtig. Aber ich halte es auch nicht für eine naive Wunschvorstellung, dass wir Anreize zur Förderung einer Schenkökonomie parallel zur Marktwirtschaft schaffen können. Wir sind schließlich nicht auf namenlose Trickle-Down-Profite aus, sondern auf reziproke Beziehungen von Mensch zu Mensch, die von Natur aus im Überfluss vorhanden sind, aber verknappt werden durch die Anonymität der Ökonomie im großen Maßstab. Es steht in unserer Macht, das zu ändern, die regionale, reziproke Wirtschaft zu fördern, die die Gemeinschaft nicht zersetzt, sondern stärkt.

In *Ökonomie der Verbundenheit* schreibt Charles Eisenstein zur Ökonomie von Ökosystemen: »In der Natur sind überstürztes Wachstum und allumfassender Wettbewerb Kennzeichen unreifer Ökosysteme, auf die dann komplexere gegenseitige Abhängigkeiten, Symbiose, Kooperation und Ressourcenkreislauf folgen. Das nächste Stadium der menschlichen Ökonomie wird dem ähneln, was wir an der Natur zu verstehen beginnen. Es wird unser aller Gaben hervorrufen; es wird Kooperation über Wettbewerb stellen; es wird den Kreislauf über das Horten stellen; es wird zyklisch geprägt sein, nicht linear. Geld mag in nächster Zeit nicht verschwinden, aber es wird eine geringere Rolle spielen, selbst wenn es wieder mehr die Eigenschaften eines Geschenks, einer Gabe annehmen wird. Die Wirtschaft wird schrumpfen, und unser Leben wird wachsen.«

Uns bietet unterdessen die Geschichte von dem kleinen Gemüsestand einen weiteren Einblick in das, was möglich ist. Ja, jemand hat ihn mitgenommen und einer aufkeimenden Schenkökonomie geschadet, indem er ein Geschenk »privatisiert« (im Klartext: gestohlen) hat. Doch im folgenden Frühjahr meldete sich ein engagierter Pfadfinder und baute einen neuen. Er hat sogar vor, mehrere Stände zu zimmern und sie an verschiedenen Orten der Gemeinde aufzustellen, damit dort kostenloses Gemüse angeboten werden kann. Dann werden also neben den Bücherboxen kleine Gemüsestände stehen – alles zum Mitnehmen. Damit durchbricht der junge Mann das Modell der Marktwirtschaft und erhält Anerkennung für die Förderung einer Alternative. Hobbygärtner werden jetzt keine überschüssigen Zucchinis mehr Fremden in den Briefkasten stecken müssen. Was übrig ist, wird im Bauch eines Nachbarn gelagert.

Ich habe in letzter Zeit viel gelernt über Ökologische Ökonomie, die Bewertung von Ökosystemdienstleistungen, Biomimikry, Vorschläge für Klimagerechtigkeit, Klimafinanzierung für den Green New Deal, für Energiewährungen und B-Corporation-Zertifikate – und nicht etwa, weil ich danach gesucht habe. Diese Sprache ist mir genauso fremd wie meine botanische Fachterminologie den Ökonomen. Doch je mehr ich über die weitsichtigen Verfechter einer regenerativen Wirtschaft erfahre, desto dankbarer bin ich all den findigen

Denkern, die auf ein alternatives System zuarbeiten, das einer lebenswerten Zukunft dient.

Da fällt mir Kate Raworths bekanntes Modell der Donut-Ökonomie ein. Sie hinterfragt die Fehlannahmen der aktuellen Ökonomie und schlägt stattdessen ein Wirtschaftssystem vor, das an ökologische Kriterien gebunden ist und auf sozialer Gerechtigkeit fußt. Für Raworth beruht das Wohlergehen auf mehr als auf der Befriedigung physischer Grundbedürfnisse; einzubeziehen sind auch Güter wie Gemeinschaftssinn, gegenseitige Unterstützung und Gleichheit. Reichtum ist sehr viel mehr als das, was das BIP bemisst, und der Markt ist nicht die einzige Quelle von ökonomischen Wert. Von der Politik fordert sie die Anerkennung von Werten wie gemeinschaftlichem Land, Grünflächen und Artenvielfalt. Ihr Modell bezieht die »Produktivität« unbezahlter Arbeit ein, etwa Care-Arbeit in der Familie, Ehrenämter, Gartenarbeit – lauter Grundlagen des Wohlbefindens, die nie in Bilanzen auftauchen, für unser Gedeihen aber unverzichtbar sind.

Auch Katherine Collins entwickelt bahnbrechende Investmentstrategien, die uns auf dem Weg zur Kreislaufwirtschaft voranbringen können. Sie ging im Lauf ihrer Karriere den bemerkenswerten Schritt, ein Theologiestudium aufzunehmen, so dass ihr Vokabular im Bereich der Ethik genauso ausgefeilt ist wie in der Sprache der Finanzwelt. Das machte mich neugierig. Mir scheint, diese Theoretiker sind stark beeinflusst von dem, was die Felsenbirne längst weiß und uns seit Urzeiten vorführt. So wie Ahorn und Rohrkolben und Löwenzahn. Doch wir haben ihr Wissen mit selbst gemachten Gleichungen ersetzt. Ich fühle mich geehrt, dass Kate Raworth in ihren ökonomischen Seminaren an der Universität Oxford inzwischen die Ehrenhafte Ernte durchnimmt. Der Wandel beginnt.

In diesen bedrängenden Zeiten der drohenden Klimakatastrophe müssen wir schnell vorankommen in Richtung einer dekarbonisierten Ökonomie, die für das Leben, wie wir es kennen, unverzichtbar ist. Ich behaupte nicht, ich wüsste einen Weg dahin, aber eine Stammesgenossin goss meine Gedanken in Worte, indem sie schrieb: »Wenn die Wirtschaft Menschen braucht, die mehr Ressourcen verbrauchen, als die Erde erneuern kann, damit das ganze System nicht kollabiert – ist es dann nicht Zeit für eine neue Wirtschaft?« Doch wie kann ein etabliertes Wirtschaftssystem ein anderes ersetzen?

Als Botanikerin weiß ich, dass ich mich an der Welt der Wiesen und Wälder orientieren kann. Pflanzengesellschaften verändern sich und ersetzen einander ständig; dieses dynamische Puzzlespiel bezeichnen wir als ökologische Sukzession. Entgegen dem Stereotyp des statischen »Urwalds« sind Pflanzengesellschaften ständig in Bewegung. Aus der Luft gesehen ist »unberührter Wald« in Wirklichkeit ein Mosaik aus Beständen unterschiedlichen Alters und Werdegangs. Brände, Erdrutsche, Fluten, Stürme, Insektenplagen sowie Krankheiten und menschengemachte Katastrophen reißen den grünen Teppich in willkürlichen Mustern auf – reagieren aber in gewissem Ausmaß doch nach einem festen Muster. Häufig entstehen durch eine größere Störung, die den bisherigen Waldbestand vernichtet, Lücken mit starkem Sonneneinfall, aufgewühlten Böden und einem Überangebot an Ressourcen, weil die vorigen Bewohner sie nicht mehr konsumieren. Solche Stellen besiedeln dann wachstumsstarke Arten, die in großer Dichte versuchen, die Übergangsbedingungen für sich zu nutzen. Diese Pionierpflanzen sind Opportunisten mit hohem Ressourcenverbrauch, die Konkurrenten durch schiere Masse verdrängen und sich in rasendem Tempo vermehren. Sie rufen »ich, ich, ich!« und investieren in ihr eigenes exponentielles Wachstum, aber ohne Rücksicht auf die Zukunft, ihre Verwandten oder auf Langlebigkeit. Klingt bekannt, oder? Das kann eine Wiese mit stark wachsenden Gräsern sein oder ein Bestand mit Zitterpappeln. Man könnte sagen, die euroamerikanischen Siedler im Zeitalter der Kolonisierung und der Vernichtung von »Primärkulturen« verhielten sich wie Pionierpflanzen, die nach einer massiven Störung plötzlich die Landschaft dominierten. Allerdings stellen diese Pionierpflanzen bald fest, dass sie mit dieser Wachstumsrate und diesem Ressourcenverbrauch nicht weitermachen können. Ihre Ressourcen werden allmählich knapp, Krankheiten bedrohen die viel zu dichten Populationen, und aufkommende Konkurrenz begrenzt sie in ihrem Wachstum. De facto fördert ihr Verhalten ihre eigene Substitution. Ihr üppiges Wachstum fixiert Nährstoffe und stellt die stabileren Bedingungen her, in denen ihre Nachfolger gedeihen können. Schritt für Schritt werden sie ersetzt.

Die Nachfolger sind anders; in einer Welt mit begrenzten Ressourcen wachsen sie langsamer. Schwierige Bedingungen fördern umsichtige, kooperative Beziehungen trotz Konkurrenz. Die extraktive Praxis der Kolonisatoren muss der Reziprozität und der kontinuierlichen Erneuerung weichen, wenn Überleben überhaupt möglich sein soll. Die Neuen investieren in Stabilität und setzen auf einen langen Atem. Diese Gemeinschaften nennen wir »reif« und nachhaltig im Gegensatz zum pubertären Verhalten ihrer Vorgänger. Dieser Übergang

von der Ausbeutung zur Reziprozität, vom individuellen Wohl zum Gemeinwohl kann man als Parallele zu dem Übergang sehen, den menschliche Kolonialgesellschaften durchlaufen müssen - vom Horten zum Kreislauf, von der Unabhängigkeit zur Interdependenz, vom Verwunden zum Heilen; nur so können wir auch in Zukunft gedeihen.

Wie verändern sich Systeme? Wie können wir uns auf die gerechten Gesellschaften zubewegen, die wir brauchen und wollen? Der natürliche Prozess der ökologischen Substitution macht zwei Mechanismen sichtbar, die bewirken, dass ein komplexes etabliertes System sich verändert - auch dann, wenn dieses System zunächst dominiert und wirkt, als wäre es *too big to change*. Sukzession beruht einerseits auf schrittweisem Wandel: Faktoren, die dem ökologischen Wohlbefinden nicht dienlich sind, werden langsam und allmählich durch neue Gesellschaften ersetzt. Andererseits beruht sie aber auch auf Störungen, auf dem Durchbrechen des Status quo, um neuen Arten zur Keimung und zur Blüte zu verhelfen.

Bisweilen sind massive Störungen so destruktiv, dass keine Erholung mehr möglich ist. Andere aber haben genau das richtige Ausmaß und stimulieren Erneuerung und Diversität. Die Landnutzung der Indigenen beruhte auf sorgfältig dosierten Eingriffen durch den Menschen, um ein lebendiges Mosaik in unterschiedlichen Erholungsstadien zu bilden. Störungen schaffen Lücken, sie schaffen Öffnungen und Grenzen zwischen Neuem und Dominantem. Ich möchte sehen, wie keimende Schenkökonomien sich in den Lücken ansiedeln, die in die überwältigende Marktwirtschaft hineingetrieben wurden.

Beide Instrumente, schrittweiser Wandel und kreative Störung, stehen auch uns als Akteuren der kulturellen Transformation zur Verfügung. Ich hoffe, wir werden sie beide zum Einsatz bringen. In diesen drängenden Zeiten müssen wir der Sturm werden, der die überalterten, destruktiven Ökonomien zu Fall bringt, damit neue aufkeimen können. Die sogenannten Ökotone, in denen an einer Lücke zwei Ökosysteme aufeinandertreffen, also die

Übergangsbereiche zwischen dem Neuen und dem Alten, gehören zu den diversesten und produktivsten Ökosystemen überhaupt, sie strotzen nur so von Früchten und Vögeln. Es gibt Arten, die weder im neuen noch im alten Ökosystem heimisch sind, sondern gerade im Übergangsbereich. Genau dort gedeihen Zedernseidenschwänze – und Felsenbirnen.

Die Darren-Ökonomie des Extraktions-Kapitalismus, des Missbrauchs an den Geschenken von Mutter Erde, ist ein Verbrechen gegen die Natur. Ich glaube, Diebstahl ist per Gesetz strafbar, und wir müssen Regierungen wählen, die an die Herrschaft des Gesetzes glauben. Die fossile Wirtschaft beschleunigt das Massenaussterben mit übersäuerten Meeren und schrumpfenden Wäldern, tödlichen Hitzewellen und unsäglichem menschlichem Leid. Wo auf der Liste der gefährdeten Arten stehen Zedernseidenschwanz und Felsenbirnen? Ich fürchte um das Wohlergehen meines lieblichen grünen Tals und das Überleben kleiner Landwirte.

Schon heute ist es zu still auf dem Land. Sollten wir als Parameter zur Bemessung des Wohlbefindens nicht auch den Vogelgesang heranziehen, das Anschwellen des Grillenzirpens an einem Sommerabend und die Rufe der Nachbarn von einer Straßenseite zur anderen?

Dabei sehe ich das Potenzial für ein Mosaik von aufstrebenden Ökonomien, zum Beispiel bei meinen Nachbarn. Ja, sie müssen ihre Rechnungen bezahlen und sind Teil der Marktwirtschaft, aber gleichzeitig sind sie auch Gestalter einer Schenkökonomie. Jedes verkaufte Produkt hat eine Beigabe von etwas, was nicht zur Ware gemacht werden kann und daher nur umso wertvoller ist. Die Leute kommen zu ihnen wegen der Verbundenheit mit dem Land, für einen Scherz mit dem Landwirt als Mitmensch, der die kühle Herbstluft mag – nicht wegen der Ware Kürbis, die man ja eigentlich überall kaufen könnte. Schenkökonomien machen mehr Spaß, sind befriedigender und genauso nahrhaft wie die Felsenbirnen-Pancakes der Springside Farm. Oder die in ein geparktes Auto geschmuggelte Zucchini. Schon lange bin ich der Meinung: Wer mehr Spaß hat, gewinnt. Vielleicht gleicht das das Machtgefälle zwischen uns und Darren aus. Wir haben Spaß und Gerechtigkeit auf unserer Seite. Und Felsenbirnen.

Ed und Paulie bauen auf ihrer Farm verschiedene Beeren an. Berühmt sind ihre Blaubeer-Pancake-Frühstücke, zu denen sich im Hochsommer die Nachbarn versammeln. Und während die Felsenbirnen in meinen Eimer plumpsen, denke ich über meine alte Überzeugung nach, dass das Pflücken von Beeren der erste Schritt zu einer lebenslangen Partnerschaft mit der Natur ist. Ich habe es selbst mit angesehen. Studierende bei meinen Wanderungen, die sich stark zurückhalten, aber ihre Skepsis gegenüber dem Konzept des Schenkens mit kaum verhohlenem Stirnrunzeln zu verstehen geben. Nie im Leben werden sie ein Wintergrün-Blatt in den Mund nehmen. Aber wenn wir zu den Himbeeren kommen, weiß ich, dass sie unvorsichtig werden müssen. Die einfache Begegnung mit einer wilden Beere, die ihnen vor der Nase herumbaumelt und nur auf ihre Finger und ihren Mund zu warten scheint, legt in ihnen einen Schalter um, und sie erkennen das Geschenk. Manchmal denke ich, Beerenpflücken ist das Heilmittel, das wir brauchen, um Legionen von Umweltschützern zu schaffen.

Einige meiner Verwandten gehen da einen Schritt weiter. Sie leben in einem Stadtviertel, in dem überall griesgrämige Nachbarn die Kinder anherrschen, sie sollen gefälligst von ihrem Rasen wegbleiben. Da machten sie ihren vormals ordentlich getrimmten kleinen Vorgarten zu einem Paradies mit Beeren und Blumenbeeten und stellten ein Schild auf, auf dem die Nachbarskinder eingeladen wurden, sich eine Handvoll Beeren und ein Sträußchen zu pflücken. Sie machten ihren »privaten« Garten zu einem Ort der Gemeinschaft. Die Währung dieser Schenkökonomie sind Beziehungen und eine Nachbarschaft, in der man sich beim Namen kennt, sogar die Griesgrame. Die Tragik der Allmende wurde zum Überfluss der Gemeinschaft. So eine Schenkökonomie ist für jeden von uns erreichbar. Sie ist ein bisschen subversiv. Und der reine Genuss.

Erneuerbare Ökonomien, die das Geschenk

erwidern, sind der einzige Weg nach vorne. Um allseitiges Gedeihen für Vögel, Felsenbirnen und Menschen nachhaltig zu ermöglichen, brauchen wir eine Ökonomie, die die Geschenke der Erde teilt, ganz nach dem Vorbild unserer ältesten Lehrer, der Pflanzen. Sie laden uns alle ein in ihren Kreis, damit wir unsere menschlichen Gaben zurückgeben zum Dank für alles, was uns geschenkt wird. Was wollen wir ihnen antworten?

LASSEN SIE SICH EINLADEN, TEIL DER SCHENKÖKONOMIE ZU WERDEN

Das Vorschusshonorar für dieses Buch über die Schenkökonomie der Natur spendet die Autorin der Natur als Gegengabe zur Verwendung für Umweltschutz, Renaturierung und Gerechtigkeit für die Genesung von Land und Menschen.

Im Geiste der Schenkökonomie überlegen Sie vielleicht, wie Sie auf Ihre Weise die Geschenke der Natur erwidern können. Egal, worin Ihre Währung der Reziprozität besteht – in Geld, Zeit, Energie, politischem Einsatz, Kunst, Forschung, Bildung, Gärtnern, Ehrenamt, Restauration, großen und kleinen Akten der Fürsorge –, sie werden in diesen drängenden Zeiten alle gebraucht. Sie sind eingeladen, zugunsten von Mensch und Erde Teil der Schenkökonomie zu werden.

DANK

Nichts in dieser Welt tun wir alleine. Mein Dank gilt den vielen Menschen, deren Gedanken und Taten dieses Büchlein möglich gemacht haben. Ed und Paulie Drexler von der Springside Farm schufen die Kulisse ihres wunderbaren Hofs, auf dem man Ferien machen kann und eingeladen ist, die Geschenke der Erde und das Geschenk guter Nachbarschaft kennenzulernen. Zu schätzen weiß ich die Geduld meines Schwiegersohnes Dave bei unseren Gesprächen über Ökonomie, von der ich bestenfalls ein rudimentäres Verständnis habe. Meine

Freundin Valerie Luzadis half mir mit ihren stets zugewandten Unterhaltungen. Meine Tochter Larkin erzählte mir die Geschichte vom »Gemüsestand zum Mitnehmen« und von ihrer Hoffnung, ihn zu ersetzen. Dankbar bin ich auch Miki Kashtan und Madi Loustalot, die mir die Sprache der mütterlichen Schenkökonomie nahegebracht haben – und meiner Mutter und meinen Töchtern, die sie mit mir leben.

Erstmals wurde dieser Essay im *Emergence Magazine* veröffentlicht. Danke für die Genehmigung, ihn zur Grundlage für diese Publikation zu machen. Mein herzlicher Dank geht an die Mac Arthur Foundation, mit deren Unterstützung ich Zeit und Raum fand, sie zu verwirklichen. Die Arbeit mit meinem Lektor Chris Richards war ein Vergnügen; ich danke ihm, dass er diesem schmalen Band ins Leben verholfen hat. Ich bewundere die künstlerische Arbeit des Illustrators John Burgoyne. Mein Dank für die Betreuung und Beratung gilt Christie Hinrichs von Authors Unbound sowie Sarah Levitt von Aevitas Creative und Chloe Currens bei Allen Lane.

Jeden einzelnen Tag bin ich dankbar für die Liebe, Unterstützung und Inspiration meiner Familie und meiner Freunde, die dieses Leben möglich machen. Ein extra Dank geht hinaus an die Vögel und die Felsenbirnen: G’chi megwech.

ÜBER DEN ILLUSTRATOR

Der Illustrator John Burgoyne ist Mitglied der New York Society of Illustrators und Absolvent des Massachusetts College of Art. John erhielt über einhundert Auszeichnungen in den USA und in Europa, u. a. von der Society of Illustrators, Communication Arts, Hatch Awards, Graphis, Print, One Show, New York Art Directors Club und Clio. Sie finden seine Arbeit unter www.JohnTBurgoyneIllustration.com.